知识创新和制度创新比较研究

——以广东省为例

缪磊磊　张野平　著 ─────

ZHEJIANG UNIVERSITY PRESS
浙江大学出版社

图书在版编目(CIP)数据

知识创新和制度创新比较研究:以广东省为例 / 缪磊磊,
张野平著. --杭州:浙江大学出版社,2020.2
ISBN 978-7-308-19990-2

Ⅰ.①知… Ⅱ.①缪… ②张… Ⅲ.①知识创新－制度
建设－对比研究－广东 Ⅳ.①G322.765

中国版本图书馆 CIP 数据核字(2020)第 011953 号

知识创新和制度创新比较研究——以广东省为例
缪磊磊 张野平 著

责任编辑 陈 翩
责任校对 丁沛岚 沈巧华
封面设计 杭州隆盛图文制作有限公司
出版发行 浙江大学出版社
(杭州市天目山路 148 号 邮政编码 310007)
(网址:http://www.zjupress.com)
排 版 杭州隆盛图文制作有限公司
印 刷 虎彩印艺股份有限公司
开 本 710mm×1000mm 1/16
印 张 11.75
字 数 215 千
版 印 次 2020 年 2 月第 1 版 2020 年 2 月第 1 次印刷
书 号 ISBN 978-7-308-19990-2
定 价 42.00 元

前　言 ·························· >>> >

　　区域发展一直以来都是地理学、经济学研究的焦点问题。区域长期发展的动力是建立在知识和制度这样的内生经济要素之上的,区域发展归根结底是知识和制度积累、创新的结果。很多空间经济现象都可以从不同经济地域的知识创新和制度创新的比较上找到深层原因。

　　本书主要围绕知识和制度、空间、经济发展三者之间的相互关系,从总结各种内生经济发展理论模式与分析不同经济地域知识创新和制度创新的特征入手,对创新(包括知识创新和制度创新)在区域经济发展中的作用进行理论研究与实证分析。将广东省划分为珠江三角洲与外围地区两大合理经济地域,重点是对知识创新活动比较活跃、制度创新绩效比较好的珠江三角洲与外围地区进行比较,在比较中分析两个经济地域知识创新和制度创新在构成、演进、功能与效率上的差异,并最终提出缩小差距的区域创新扩散的模式,从而在知识创新、制度创新和区域创新扩散三个层面揭示经济地域发展的机制。

　　第一章为区域发展理论评述,主要从区域发展地区差异、区域发展决定模式、区域发展战略与管理三方面来展开讨论。第二章提出研究设计思路,包括研究框架、研究内容和研究区域等。第三章采用多指标因子分析法分析了广东省经济发展的差异。在分析差异的基础上,提出了合理经济地域的概念,并将广东省划分为珠江三角洲与外围地区两大合理经济地域。第四章从经济增长的决定模式演变的分析入手,提出了知识创新和制度创新是经济发展的决定因素,建立了知识创新和制度创新决定经济发展的互动增进杠杆模式。以珠江三角洲及其外围地区为例,构建有制度因素的发展模型并求出知识和制度因素的作用程度,从而验证了提出的决定模式。第五章从理论和实证分析的角度论述了知识创新在经济发展中的重要作用,提出了知识创新的驱动力框架;从拥有知识的质和量、运用知识的能力以及创新能力三个方面构建衡量知识创新水平的指标体系;计算珠江三角洲及其外围地区知识创新水平的综合指数,说明两个经济地域知识创新水平的差异;分析了产生知识创新水平差距的主要原因。第六章是珠江三角洲与外围地区发展的制度创新比较。从制度创新初始约束条件、制度创新过程、制度创新模式和制度创新程度四个方面进行比较,在制度这一层面分析造成经济区域发展差异的原因。第七章提出了实现珠江三角洲与外围地区协调发展的路径——区域创新扩散;总结了知识创新扩散的条件和实现形式;提出了知识创新扩散的推拉力模式和"前研后厂"的知识链分工模式;从协调发展的角度提出了缩小珠江三角洲与外围地区知识创新和制度创新差距的战略。第八章给出了研究的结论。

　　本书是在缪磊磊的博士学位论文《经济地域发展的知识和制度创新比较研究——以珠江三角洲及其外围地区为例》基础上修改完成的。[①] 感谢导师许学强教授的悉心培养和谆谆教导。在博士论文写作期间,有幸跟随许学强教授参加了国家自然科学基金重点项目"港澳—珠江三角洲及其外围地区协调发展的研究",得到导师耐心、细致的指导,在此致以诚挚的谢意。

---

　　① 论文完成时间为2003年,故书中所涉文献与统计资料均截止到2002年。

目录

目 录 ·········· ≫ ≫ ≫ ≫

表 目 录

图 目 录

1

区域发展的理论综述

　　发展是历史上一直为人类所重视的问题。第二次世界大战以来,发展更成为全世界所共同关注的焦点。在过去半个多世纪,国际发展视野中出现了连续不断的闪光点:20 世纪 40 年代中后期至 50 年代发达国家的战后重建和经济复苏,20 世纪 60 年代南美洲部分国家(最典型的是巴西)的经济增长,20 世纪 60 年代以来新兴工业化国家(新加坡、韩国)和地区(中国台湾地区、香港地区)的崛起与发展,20 世纪 70 年代中期以来亚洲部分国家和地区(较典型的是泰国、马来西亚、印度尼西亚、越南及中国沿海地区等)经济的起步与腾飞(Sachs,1992)。理论界通过对这些变化的经济景观进行归纳和总结,得出了经济发展空间模式及其决定模式。

　　地理学对区域发展的研究主要侧重于地区发展差异的研究,通过分析不同地区发展的决定模式,找出区域在空间积累和福利增进动态过程中表现出不同路径和形式的原因,最后针对区域差异提出缩小差异的发展战略和管理模式。因此,地理学的区域发展研究应包括三方面的内容:①区域发展的地区差异和空间图景;②区域发展的决定模式;③区域发展的战略与管理。

1.1　国外研究综述

　　第二次世界大战以后,世界经济和各国经济中的区域发展差异不断扩大,并呈现出了显著的二元结构(也称核心—边缘结构)模式特征。为描述和解释这种模式的形成和演变,在经济地理学领域出现了各具特色的传统区域发展理论。20 世纪 80 年代以来,区域发展决定模式的研究出现了新进展,表现在认识到创新、知识和制度等要素的决定作用,从而形成了新区域发展理论。

1.1.1 区域发展地区差异和空间图景的研究

一定时期内,区域发展在空间上并非均衡分布,而是集中在一个或少数几个地区。因此,区域发展的地区差异是必然存在的。其在空间组织上必然表现为核心—边缘结构,即由先进的、相对发达的核心区和落后的、不发达的边缘区两种不同性质的区域组成的空间系统。缪尔达尔(Myrdal,1957)运用一系列概念如扩散效应和回流效应提出了循环累积因果论。他指出,区域发展的不平衡主要为市场力量发生作用的自然结果,市场力量通常是递增而非递减的,从而导致和强化了地区的不均衡性。在繁荣地区,由于经济活动的集中会导致生产效率的提高,市场力量将促使经济活动进一步聚集,导致报酬递增,繁荣地区将会持续而累积地快速成长。由此可见,贫困国家只靠市场的作用将会加剧区域之间的不平衡,从而扩大区域之间的差距。因此,需要以政府的力量发挥扩散的作用,来促进区域均衡发展。

对此,美国经济学者赫希曼(Hirschman,1958)提出增长极理论来探讨经济增长如何由国家中的一个区域扩散到其他区域。他将由法国经济学家佩鲁(Perroux)所提出的增长极概念用于地理空间,认为不同区域间不公平的福利也许可以通过建立增长中心,把衰退区与较大城市体系中产生的经济增长推动力联系起来,从而使极化过程向衰退区延伸。增长中心意味着通过集中公共投资和有利的政策可以刺激衰退区经济增长。这一概念还被进一步描述为增长中心的发展同时带来了革新的渗透,使得发端于增长源的革新和利益在城市等级中向下扩散。这种扩散既包括在国家内部从核心地区扩散到腹地,也包括在区域内部从大都市区向外扩散到大都市边缘(Berry,1964)。赫希曼提出的涓滴效应和极化效应论证了国家间或区域间经济的不均衡发展是一种不可避免的现象,必须在区域内优先创造出几个较具优势的增长极,借由这些增长极自身的成长或创新,来带动其四周区域的发展,以达到进一步缩小区域间差距的目标。

受缪尔达尔和赫希曼区域发展思想的启迪,弗里德曼(Friedmann, 1966)通过把创新及其空间扩散思想引入核心—外围模式,将其系统化为一种在经济、政治、文化等方面都普遍适用的发展模式。该模式中,核心是区域体系的创新变革中心,如都会区等;而外围指的是其周围的腹地或边缘区域。核心区通过支配效应、信息效应、心理效应、现代化效应、连锁效应、生产效应支配外围地区。在发展早期,人口、商业与资源会集中于核心区,之后随着发展进程的加速,会逐渐分散到外围地区。到了最后阶段,外围区愈来愈小,几乎完全消失,达到区域差异的极小化。麦凯勒和丹尼尔(Mackellar, Daniel, 1995)提出实证来支持弗里德曼的核心—外围理论。他们发现在经济发展的早期阶段,人口、产业和资本会集中于核心区,主要是因为该区的各项基本设施较完善且费用较低,具有外部经济性;到了发展中期,这种情形会逐渐地趋于缓慢;到了发展后期,因核心区出现外部不经济现象、地价逐渐高涨、交通拥堵、噪声污染、空气污染及其他问题,人们便渐渐地转向外围区域发展,区域不均衡因此缩小。

关于区域二元结构的理论解释还有梯度推移理论、雁行理论。将工业生产生命循环阶段理论引入区域发展中,便产生了区域发展梯度推移理论。该理论认为,随着时间的推移及生命周期阶段的变化,创新和技术逐渐从高梯度地区向低梯度地区推移,由于接受能力的差异,推移只能顺次进行。与梯度推移理论相类似的是日本学者赤松要 1935 年提出的雁行理论,指某一产业在不同国家伴随着产业转移先后兴盛或衰退,以及在其中一国中不同产业先后兴盛或衰退的过程。

1.1.2 区域发展决定模式的研究

传统的区域发展理论对区域发展的决定模式的研究主要集中在对资源禀赋、资本和劳动力要素的决定作用的分析上。20 世纪 80 年代以来,区域发展研究开始强调创新、知识和制度在区域发展中的作用,从而形成了新区域发展理论。

1.1.2.1 资源禀赋决定论

佩洛夫和温戈(Perloff，Wingo，1968)通过对美国经济从早期农业社会阶段向先进的工业和服务业社会阶段过渡过程的实证研究发现,随着经济上的日趋成熟,不同的自然资源都在区域发展中起着或大或小的作用,并且由于不同区域自然资源禀赋之不同,这些区域也将出现或大或小的繁荣。

1.1.2.2 强调资本、劳动力要素的新古典区域发展理论

新古典区域发展理论认为,国民生产总值的上升和经济发展是在竞争均衡条件下所发生的资本形成、劳动力扩大和技术变革的长期效应。它从总量上模型化区域增长与资本、劳动力和外生技术进步等要素之间的动态关系,并测算各种要素的贡献率。新古典经济增长模式在20世纪60年代中期由索洛(Solow)、斯旺(Swan)、丹尼森(Denison)等人创立,后来经卡斯(Cass)和科普曼斯(Koopmans)的重新说明,逐渐形成了较为系统的区域增长理论模型。索洛等新古典区域发展理论家认为:在没有外力推动时,经济体系无法实现持续的增长;只有当存在外生的技术进步或外生的人口增长时,经济才能实现持续增长。新古典区域发展理论的缺陷是:新古典增长模型一方面将技术进步看做经济增长的决定因素,另一方面又假定技术进步是外生变量而将其排除在考虑之外,这一假定无疑使该理论排除了影响经济增长的最重要因素。

1.1.2.3 强调创新作用的区域创新理论

创新理论在区域发展研究中日益受到重视。20世纪80年代以来,技术创新、区域创新系统、技术扩散和技术转移理论已成为区域发展研究的重要组成部分。在技术创新方面,罗默(Romer,1986、1990)、格鲁斯曼和埃尔普曼(Grossman，Helpman,1991)等人运用内生模型,发展了熊彼特的创新学说,形成了一个所谓的新熊彼特内生增长理论。20世纪90年代以来,一些学者开始把关于"能力""功用"的发展新框架和熊彼特创新理论结合起来,进一步探索发展中国家经济发展的引擎和最优先发展机制(Thanawala,1994)。在区域创新系统方面,卡西奥拉托和拉斯特雷斯

(Cassiolato,Lastres,1999)在对拉丁美洲国家创新系统的研究中论述了国家、区域、地方创新系统的关系。伦德瓦尔(Lundvall,1994)在国家创新系统框架内研究了创新与空间的关系,他研究了技术变化的特点与空间相互影响的关系,提出了静态技术创新、渐进创新和激进创新三种类型,每一种均和生产者与消费者空间相互作用的特定类型相关。波特(Porter,1990)、克鲁格曼(Krugman,1991)、斯托波(Stroper,1992)等对区域创新集群出现的原因和地域特征进行了理论探讨,指出:参与竞争是高技术企业出现集群的原因,而那些规模小、专业化程度高和灵活性强的企业倾向于聚集在高度创新型的区域。部分学者对世界著名高新技术产业聚集地区进行了实证研究,如萨克森宁(Saxenian,1994)对美国硅谷和美国东北部128号公路地区的创新集群进行了对比研究,分析了其形成的原因和存在与发展的特征。一些学者对德国耶拿光学工业集群和慕尼黑电子产业集群进行了实证研究,指出高技术产业的地理聚集并不一定必然导致区域研究与开发的合作及区域创新现象的产生。一些区域创新研究成果表明:创新在大范围内的等级扩散及其横向扩展将带来城市与区域的经济增长与收入提高。由此可见,有关区域创新对区域发展影响的研究主要侧重于区域创新对区域经济增长、区域竞争能力以及区域整体竞争力的贡献的分析上。

1.1.2.4　强调区域发展中知识的重要性的区域新增长理论

以舒尔茨(Schultz,1986)和贝克尔、墨菲、塔穆拉(Becker,Murphy,Tamura,1990)为代表的一批经济学家把知识和人力资本因素作为重要的增长源泉引入经济增长理论之中,突破了以往要素收益递减和收益不变的假定,形成了收益递增的增长模式。舒尔茨曾指出:"一经把人力投资因素考虑进去,我们的动态经济增长所面临的许多疑难问题就能得到解决了。"贝克尔等还对人力资本投资中几种基本形式的收入效应和收益率情况进行了分析,说明了"人力资本将是关于发展、收入分配、劳动转变和其他许多长期出现的问题的思想的一个重要部分"。罗默(Romer,1990)更加直截了当地指出,经济规模并不是经济增长的主要因素,人力资本的规模才是至关重要的。

为了更好地解释经济现实,一些经济学家直接把知识纳入生产函数之中,用于说明知识对经济长期增长的作用,建立了新经济增长理论。西方学者通常以罗默1986年的论文《递增收益与长期增长》和卢卡斯(Lucas)1988年的论文《论经济发展机制》的发表作为新增长理论产生的标志。罗默在其知识溢出模型中,用知识的溢出效应说明内生的技术进步是经济增长的唯一源泉,强调知识的外部性对经济的影响。卢卡斯的人力资本溢出模型则认为,整个经济体系的外部性是由人力资本的溢出造成的。新增长理论通过技术进步内生化,为区域经济增长和发展理论奠定了微观经济学基础。确切地说,新增长理论只是由一些持相同或类似观点的经济学家提出的各种增长模型构成的一个松散集合体。其各个增长模型包含的共同观点是:经济增长不是外生因素作用的结果,而是由经济系统的内生变量决定的。经济可以实现内生增长的观点是新增长理论的核心思想。大多数新增长理论家都认为,内生的技术进步是经济实现持续增长的决定因素。因此,大多数新增长模型都着重考察技术进步得以实现的各种机制,考察技术进步的各种具体表现形式,如:产品品种增加、产品质量升级、边干边学、人力资本积累、知识积累、技术模仿等。

实际上,内生技术进步的经济增长在地域空间上表现为区域经济增长的不平衡,聚集经济、规模经济产生的技术外部性和金融外部性(技术外部性即技术溢出效应,金融外部性则是与市场扩大相联系的外部经济)使要素边际收益递增,从而引起经济活动的地域空间聚集和扩散。这样,规模经济就不再是一个外生的经济变量,而作为内生经济变量进入区域经济增长模型中。规模经济内生化的结果是区域经济增长差距越来越大。巴罗和萨拉-艾-马丁(Barro,Sala-I-Martin,1992)认为,虽然国家收入水平与长期趋势之间的差距越大,其增长也越快,但由于缺乏长期增长的潜能,递增收益阻碍着各国经济增长差距的缩小,各国经济增长最终趋向发散。鲍莫尔(Baumol,1990)从生产性角度研究了发达国家与发展中国家的经济增长趋势,发现发达国家与发展中国家之间不存在收敛趋势。新增长理论的缺陷在于它完全忽视了制度因素对技术进步和经济增长的影响(朱勇,吴易风,1999)。

1.1.2.5 强调区域发展中制度作用的新制度主义区域发展理论

受经济地理学结构主义方法和经济学新制度主义理论的影响,在对区域发展决定和主导因素的认识上,制度和文化的重要性以及在此基础上所实施的区域管制日益受到新区域发展理论的推崇和重视。国际著名经济地理学家、美国加利福尼亚学派的代表斯科特和斯托波(Scott,Storper,1992)指出,要对资本主义工业化和区域发展的模式及其变化作出有说服力的解释,需要将三种相互独立的理论工具——管制理论、制度和演化经济学、新经济地理学有机结合。

新制度主义理论强调,单纯的知识积累和技术创新本身并不重要,重要的是设计有利于知识生产和技术创新的机制或制度,要在知识增长和制度变迁相互作用的动态过程中理解知识与发展的关系,从而理解经济发展的实质。在制度内生经济发展理论中,发展的根本问题是矫正制度。诺斯(North,1983)在大量研究西欧经济史有关资料的基础上,提出制度变迁是影响经济增长的一个重要因素。他认为,制度提供了人类相互影响的框架,它们建立了构成一个社会,或更确切地说一种经济秩序的合作与竞争关系。由此,他提出,将较好地界定和行使产权、提高效率和扩大市场结合在一起,引导资源投入新的渠道,是对加速创新的产业革命最令人信服的解释。这样,经济增长的源泉不仅有资本、劳动力、技术变革、知识积累、产业间及国家间的技术转移等因素,而且还包括了制度结构的安排和制度变迁等因素。以诺斯、科斯(Coase)、威廉姆斯(Williamson)及阿尔钦(Alchain)等为代表的西方新制度经济学家,从制度变迁方式的角度对经济发展的成因进行了有效的制度解释。新制度经济学的研究表明,以国别的增长与发展史作为考察对象的经济增长过程与制度的推力有着重要的关系。同时也认为,世界各国经济增长差异是由各个国家有效制度安排的差异引起的。在制度创新方面,诺斯(1994)、拉坦(Ruttan,1978)、速水佑次郎(Hayami,1997)认为有效的制度与制度创新是发展中国家经济发展的主要动力和源泉(张建华,2001)。

1.1.3 区域发展战略与管理的研究

区域发展战略与管理的研究主要集中于区域发展的平衡战略与不平衡战略之争以及区域发展的空间扩散的研究。新古典经济学一直是西方经济学发展的主流,而均衡既是新古典经济学基本的分析方法,也是其对经济发展所持的基本观点。新古典学派的区域增长理论认为,区域长期增长决定于资本、劳动力与技术进步三大要素。在一个开放的多区域体系下,如果要素能够充分自由地流动,那么,市场机制的作用将促使要素向相对稀缺的地区流动,从而使要素收入倾向均等化。穷国(地区)人均资本相对较少,因而边际投资的回报率较高,资本将从富国(地区)流向穷国(地区),区域间经济增长差异倾向于收敛。因此,区域差异是暂时的,是市场机制不完备的表现,只要要素对价格具有足够的弹性,空间不均衡最终将消失。在新古典经济学的基本假定下,对区域经济增长问题研究的主要成果是索洛—斯旺增长模型。索洛和斯旺在生产要素自由流动与开放区域经济的假设下,认为随着区域经济增长,各国或一国内不同区域之间的差距会缩小,区域经济增长在地域空间上趋同,呈收敛之势。他们从而得出,不平衡增长是短期的,平衡增长是长期的。威廉森(Williamson,1965)收集了1950年24个国家的区域收入、人口资料,以计算各国的区域不平衡指标,研究发现:大多数已开发国家,其区域间不平衡程度经历了递增、稳定、下降的三个阶段。即在经济发展的早期阶段,区域差异逐渐扩大;到了发展的成熟阶段,区域差异则缩小。他得出国家发展水平与区域不平等之间存在倒U形关系的结论,从而提出区域收入水平随着经济的增长最终可以趋同的假说。

20世纪50年代以来,发展中国家在经济发展的同时,与发达国家的差距日益拉大。而发达国家以追求经济高速增长为目标,把大量资源和要素集中投入经济发展条件较好的区域,经济高速增长的结果,不仅没有缓解反而加剧了发达区域与欠发达区域之间的两极分化。这种差距拉大和两极分化表明,仅仅依靠市场的力量已经很难解决所有的区域发展问题,区域经济增长并不像新古典经济学家设想的那样收敛,即发达区域与欠发达区域的经济增长情况并不一致。为了对这一现实经济问题进行解释并为促进发展中国家和欠发达区域经济增长提供理论和政策依据,部分经济学家提出了一些很有见地的区域经济不平衡增长理论,主要内容就是前面分析的区域二元结构理论。

而要实现不平衡向平衡的转化,一种途径就是加大扩散效应,有些学者提出了区域发展的空间扩散理论。空间扩散理论最初是由哈格斯特朗(Hagerstrand)1953年提出的。他认为扩散是一种基本的地理过程,也是一种普遍的空间过程。空间扩散的研究主要包括:信息场的结构;边界的作用;阻力的特征和空间扩散的特征;研究替代模式和更广泛的模式;介绍等级扩散过程;认识传播、市场和基础设施的作用;把扩散理论运用到城市和区域发展规划中。对扩散传播战略的认识有助于解释扩散发生的实际模式和理论模式的差异。一些学者对扩散现象的传播进行了研究,强调了在扩散战略实施过程中基础设施的作用和追求利益革新的重要性。由于扩散对经济增长的影响,经济变化的刺激可以从一些中心向外扩散,从而使扩散成为缩小区域发展差距的一种途径。有学者对创新的区域差异和空间扩散进行了研究。卡尼尔斯(Caniels,1996)等总结了20世纪70年代以来地理学界有关创新的地区差异及扩散的研究,认为从新古典主义经济增长理论来看,累积因果关系理论和不完善扩散理论是主导理论,并提出了新的创新扩散模型。一些学者还对欧洲知识创新扩散及其对区域创新系统的影响进行了研究。

1.1.4　评　价

1.1.4.1　地理学区域发展理论的发展与主流经济学的发展关系密切

从20世纪80年代以来所体现的研究特点看,与主流经济学理论方法的融合是区域发展理论发展的一个基本方向。随着主流经济学的发展,创新理论、新增长理论、制度理论的建立为传统区域发展理论的研究提供了工具。区域发展的理论、方法和经验等范畴都得到了明显扩充,如新制度主义区域发展理论强调区域发展的特定技术、制度和社会基础,强调区域发展的动态过程。人们将会更加重视区域经济的特定制度结构对企业联系框架和企业间网络、知识的循环、组织行为与可持续发展目标、市场的行政管理与区域管制等所具有的重要作用,从而有助于动态区域发展理论的形成。经济地理学也开始转向区域发展特定技术和制度环境的分析。如摩根(Morgan,1997)等提出了"学习区域"概念,试图将网络、技术和制度创新、制度环境联系在一起以解释区域经济增长。新区域增长理论将递增收益归结为内生的技术变化,把内生的知识和技术进展作为长期经济增长的源泉。而地理学将重点研究这种递增报酬是否和在何种程度上是基于地理的或被定位的。马丁和森利(Matin,Sunley,1998)使用内生区域增长和本土化发展的概念,试图将经济学中以不完全竞争、收益递增、外部性、人力资本、技术创新和技术转移等为核心的新增长理论、新贸易理论和克鲁格曼的地理经济学同新经济地理学的区域发展理论有机结合在一起,以构筑区域经济增长的一般机制。由此可见,在"区域学习创新—地方环境—区域增长"这一区域发展研究的新议程下,地理学和新熊彼特主义、新古典主义与新增长理论、新经济地理学和新制度主义之间出现了某些更深更广泛的融合趋势。地理学区域发展理论的发展正是建立在对主流经济学的借鉴上。

1.1.4.2 新区域发展理论实证研究较薄弱

科学的理论需要获得案例研究的经验支持,区域发展的二元结构研究较成熟,实证研究也大多围绕着核心与边缘两者之间的关系以及差异程度而展开。但20世纪80年代以来,区域经济学理论提出了区域发展新的决定模式,这些要素如知识、制度在空间上的作用机制如何,对区域差异的影响多大,在区域具有什么特征以及如何运行,这些问题都没有得到很好的解答。新区域发展理论还处于理论的完善与补充阶段,没有在区域研究中得到很好的实证和反思。因此,区域发展理论研究的深化,必须以更加广泛和深入的案例研究为基础,分析在区域发展新要素(知识、制度、创新)的作用下区域发展的模式、动力机制,这些新要素对区域差异的影响及我们应该采取的战略等问题。

1.1.4.3 系统的基于知识创新、制度创新的区域发展理论尚未成形

区域发展理论对于国家层次的区域创新系统的研究比较关注,学界已经提出较为完善的理论体系,而对于区域层次的区域创新系统的研究相对滞后。新增长理论、人力资本理论、新制度主义理论都从不同侧面讨论了知识和制度在经济发展中的作用,但系统的基于知识创新和制度创新的区

域发展理论尚未成形。在研究方法上,也缺乏系统和规范化的分析指标体系。在实践领域,以对具体地区的创新系统描述为主,一方面表现为对国家层次以及国际层次区域创新系统研究的探讨较集中,另一方面表现为对某些经济技术发达地区创新的分析研究较多,而对于一般地区甚至落后地区如何实现创新发展缺乏足够的重视。

1.2　国内研究综述

1.2.1　对国外发展理论的学习与借鉴

相关研究主要集中在对区域不平衡发展理论、新增长理论、新制度经济学理论以及新经济地理学的总结与评价上。

杨开忠(1992)系统地回顾和总结了二元区域结构理论和方法,提出二元结构有传统和现代之分,前者以部门—空间分工为基础,后者以等级—空间分工为基础。汪小勤(1998)从社会、技术、经济、地理和组织或制度五个方面对二元经济结构理论进行了比较全面的概述和分析。安虎森(1997a)认为,地理学研究区域空间结构时很少把区域空间结构形式同经济增长的非结构均衡规律联系起来。他分析了区域增长非均衡规律与区域二元结构形成、演化之间相互联系的理论。许多学者都详细地叙述了增长极理论的内容、前提条件,并用该理论对我国东部和中西部区域经济的发展做了较详细的分析,指出必须注重不同时期重点发展地区产业的变换及其所产生的各种经济效益的扩散(赵茂林,1995;苏廷鳌、付伟,1999;安虎森,1997b;颜鹏飞、邵秋芬,2001)。杨友孝(1993)对弗里德曼空间极化发展的一般理论进行了评价。李国平、许扬(2002)对梯度理论的发展进行了分析,建构了广义的梯度开发理论。郭熙保、陈澍(1998)从增长极理论和累积循环理论两方面分析了西方地区不平衡发展理论的两种重要观点。黄继忠(2001)从不平衡发展的理论、绩效、决定因素入手分析了区域内经济不平衡增长论。

20 世纪 80 年代以来,伴随着新的技术经济范式的出现和经济学理论与方法的突破,区域发展理论取得了一系列重要进展,产生了新区域发展理论。国内学者对这些理论进行了引进与评价。对于新增长理论和新制度主义理论,主要是经济学界进行了研究。如谭崇台(1999)从发展经济学的新发展角度详细论述了新增长理论的兴起、发展及模式,并对新制度主义理论进行了评述。朱勇(1999)、游宪生(2000)考察和评析了新增长理论的各个分支,认为作为知识经济的理论基础,新增长理论对我国实施可持续发展战略、更好地迎接知识经济的挑战具有一定的借鉴价值。彭德琳(2002)对科斯、威廉森、德姆塞茨(Demstz)、张五常、诺斯的理论进行详细介绍,认为应该用制度分析方法来解释和指导中国的改革开放。张建华(2000)将制度创新理论和内生增长理论融合到创新经济学中,分析了市场经济体制和经济发展水平均不发达的经济形态向发达形态演进的一般原理和变革机理。总之,对于新增长理论和新制度主义理论的研究,主要是分析经济增长理论的发展,详细介绍并评价各个阶段的理论(薛进军,1993;庄子银,1998;李勇坚,2002)。

地理学界对以克鲁格曼等人为代表的新经济地理学理论进行了评价。李小建、李庆春(1999)从新贸易理论、对经济地理学传统的看法以及空间经济模型三个方面评述了 20 世纪 80 年代以来克鲁格曼的主要经济地理学观点。张发余(2000)分析了新经济地理学的两个主要研究内容:经济活动的空间聚集和区域经济增长收敛的动态变化。刘安国、杨开忠(2001)对新经济地理学的理论基础和主要模型进行了重点分析,并在此基础上对新经济地理学关于全球化发展的理论做了一个扼要的概括。顾朝林、王思儒、石爱华(2002)介绍了克鲁格曼的新经济地理学理论框架和方法,综述了西方地理学家对它的评价,并提出西方经济学与地理学融合的新趋向。

对于区域发展理论的发展,不同学者进行了回顾与评析。苗长虹(1999)对区域发展理论进行了系统的回顾,并提出制度结构、知识因素会在区域发展研究中受到更大的重视。李仁贵(2000)对西方区域经济发展的历史经验理论做了评价。孙海鸣、刘乃全(2000)对以企业区位选择为中心的区位理论和以区域经济增长与发展为核心的区域发展理论进行了回顾。刘乃全(2000)从外部性、递增收益与规模经济等角度探讨了区域经济发展理论的新发展,并分析了现实中的新区域主义观念。徐梅(2002)从区位选择和区域经济增长两个方面,以新经济地理学的发展为主线,对西方区域经济理论的形成和理论观点进行了评析。苗长虹、樊杰、张文忠(2002)提出了西方经济地理学区域研究的新视角——"新区域主义"。

1.2.2 对区域发展地区差异及其空间图景的研究

国内关于区域差异的研究由来已久,并日益走向成熟。有关区域差异方面的研究大致可以分为以下三个方面:①各级区域差异的研究;②区域差异发展趋势的研究;③区域差异产生原因的研究。

对中国区域差异的研究主要是分析区域发展状态的差异及其变动情况。舒元(1993)从供给、需求的角度对中国经济增长进行了分析。韦伟(1995)分析了中国区域经济发展阶段的差异。地理学界对南北区域差异也进行了研究(周民良,1998;陈剑,1999;吴殿延,2001;李二玲、覃成林,2002)。赵建安(1998)从南北区域经济发展的互补性角度进行了分析。任东明(2000)对全国的经济发展、社会进步、资源与环境保障及区域发展能力进行了综合评价。卢艳、徐建华(2002)采用 GDP 指标,运用基尼系数和区位熵分析了省区之间差异的状况。李小建、乔家君(2001)分析了中国县际经济差异的空间格局。李玲玲、刘启静(2002)分析了高技术产业发展的南北差异。

关于区域差异的发展趋势,杨开忠(1994b)系统描述了我国省际不平衡的变化特征和趋势,认为地区差距变动并无统一的历史模式。郭熙保(2002)将人类发展指数作为发展水平的指标,得出收入分配不平等的扩大是一个低收入国家经济快速增长和结构转变的必经阶段的结论。大多数学者认为改革开放后尤其是 20 世纪 90 年代以来,我国三大地带间的绝对差距、相对差距及综合差距均呈扩大趋势(张敦富、覃成林,2001;周国富,2001;罗浩,2001;张平,2002)。

对于造成区域差异的原因,不同学者从不同角度进行了论证。覃成林(1998)通过对中国区域经济差异的研究,认为国家经济政策、区域经济结构、投资、人口、国际经济关系、区域经济基础等因素通过影响区域经济增长而对区域经济差异变化产生影响。花俊、顾朝林(2001)从贸易经济角度研究了中国区域发展差异的现状及原因。赵伟(2001)提出区际开放是左右未来中国区域经济差距的主要因素。范剑勇、朱国林(2002)认为改革开放以来地区差距持续扩大的根本原因是第二产业的高产值份额和非农产业在空间上的不平衡分布。可见,大多数的研究者都将发展的历史基础差异、倾斜的政策、工业化发展模式、人口素质、经济效益水平、市场化程度作为影响区域差异的主要因素(韦伟,1995;周国富,2001;张敦富、覃成林,2001)。这里值得一提的是政治和制度变迁因素受到了较多的重视。魏后凯、刘楷、周民良等(1997)从地区间国民收入的转移、地方分权与地区教育差异、乡镇企业发展与区域政策三个方面分析了制度变迁对地区差异的影响。王绍光、胡鞍钢(1999)提出用政治经济学理论来分析改革开放以来中国地区差距变化的格局,研究了区域差异的政治原因和政治后果,并提出了解决区域差异问题的政治主张和制度建设的建议。

对于广东省区域差异的研究,主要是研究全省区域差异的总体状况、省内各区之间的差异以及省内各区内部的差异。欧阳南江(1993)分析了1980—1990年广东省区域差异的发展变化。李立勋、邱建华、许学强(1994)分析了1978—1990年广东的经济增长,并指出了发展不平衡所带来的地域结构的转化。许学强、阎小培、徐永健等(1999)在分析20世纪90年代广东经济增长特征的基础上,重点分析了区域差异的变动,认为广东的核心—边缘差距在扩大,而珠江三角洲内部差异缩小,呈现出均衡发展的趋势。他们还找出了影响区域差异的三大主因子:投资与非农产业发展;农业地位、产业结构调整;区位因素。阎小培、林锡艺、黄谦(1998)对广东产业结构变动的时空形态进行了分析,揭示了广东产业结构变动趋向的时空差异。刘筱、阎小培(2000)从产业结构、基础设施、教育、投资四个方面分析了20世纪90年代广东不同经济地域的差异。对于广东空间极化的研究,甄峰、顾朝林、沈建法等(2002)分析了改革开放20年里广东省的空间结构演化模式,认为全省空间差异扩大,形成了多层次的空间极化格局。吕拉昌、许学强(1999)分析了华南核心—边缘地域模式结构的形成及演变。吕拉昌(2000)认为珠江三角洲以高新技术开发区为核心的增长极逐步形成,从而提出新极化效应。

1.2.3 对区域发展决定模式的研究

1.2.3.1 对区域创新作用的研究

在我国,区域创新对于提高国际竞争力越来越重要。王缉慈(2002)综述了一些与创新相关的概念。地理学界的研究主要侧重于创新的产业集聚层面的分析和区域创新模式网络的形成研究。魏守华(2002)对产业集群基本动力机制进行了总结,将集群分为发生期、发展期、成熟期,并选取了国内外三个案例对产业集群动态特点进行了实证分析。王缉慈、王可(1999)论述了高新技术产业开发区建立区域创新环境的必要性,以及自上而下的政府行为和自下而上的企业行为的两种环境建立的方式。罗若愚(2002)对"原生型"浙江企业集群、"嵌入型"广东企业集群和"衍生型"天津自行车企业集群进行了比较,分析其形成原因、内在结构、演化特征等内容。王珺(2002)从政府、市场、企业角度分析了企业簇群的创新过程。胡汉辉、倪卫红(2002)用集成创新的思路设计了产业集聚的演化路径,解释了产业集聚的形成机理。盖文启(2002)提出从研究区域创新网络的视角来探讨新产业区发展的机制,分析了网络形成和创新的机制,并以中关村为例进行实证分析。付晓东(2001)提出区域创新网络的建设主要应包括创新机构、创新资源、中介服务系统、管理系统四个部分,同时要注重创新系统关联机制的建设与调控。顾新(2001)从知识流动、产业集聚和空间集聚三个方面来论述区域创新系统的运行。王缉慈等(2001)对广东东莞的电脑相关企业集群进行了系统的分析并提出了东莞模式。

1.2.3.2 对内生的知识作用的研究

新增长理论以递增收益为核心,把内生的知识和技术进展作为长期经济增长的源泉。它与创新理论不同,是以内生的人力资本和知识作为研究对象,而区域创新一般只涉及技术层面的创新。

关于人力资本对区域发展作用的研究,主要有人力资本流动及其经济效应的研究和人力资本对经济增长的促进作用的研究。夏业良(2000)对发展中国家如何减少"智力外流"的损失,以少投入博得高效益进行了深入研究。荣芳、何晋秋(2000)通过对发展中国家和发达国家人力资本流动的经济效应的调研得出结论:现代社会经济增长的机制是依靠人力资本投入来实现国家经济的可持续发展。杨云彦(1999)对我国人力资本地区间的流动状况进行了分析。孙强(1999)对人力资本与中国经济持续增长的关系做了研究,认为我国经济增长主要是劳动力增长、资本投入增长和人力资本贡献的结果。刘振天、杨雅文(2001)对当代知识发展的地理空间分布不平衡、知识内部发展不平衡、知识在个体间分布不平衡进行了分析。关于知识发展的地区差距,胡鞍钢、熊义志(2000)建立了一套指标体系来分析中国各地区知识发展差异的特点。孟晓晨、李捷萍(2002)从知识创新的投入、知识产出及人力资本积累三方面量化分析了中国区域知识创新能力和区域发展水平的关系。覃成林(2002)从投入和产出两个方面分析了我国 R&D(研发)产业的发展差异。张珍花、路正南(2001)从人力资本、R&D 投入、社会环境对创造和使用知识的推动力三方面分析了知识对江苏省经济增长的贡献率。对知识经济的发展,一些学者也进行了测度与比较(孙敬水、蒋玉珉,1999;张欣、宋化民,2001)。

学界对于广东知识发展的研究,大多是对人力资本的考察,对知识创新能力的研究较少。朱翊敏、钟庆才(2002)对广东省各市的人力资本在经济增长中的贡献进行了详细分析,研究了各市物质资本及人力资本状况的差异,讨论了经济政策与制度对人力资本贡献率的影响。赖德胜、王兆斌(1998)分析了深圳经济快速增长的人力资本原因。田宝琴、彭昆仁(2000)从知识经济的角度考察和分析了广东人力资本的现状。阎志强(2001)考察了改革开放以来广东经济发展与人口文化素质两者相互关系的阶段性特征。吕拉昌(2002b)分析了在知识经济推动下,广东区域结构发展的新趋势。

1.2.3.3 对制度作用的研究

中国区域发展的制度因素分析,主要是从定性和定量两方面考察中国 1978—1999 年制度变迁和经济增长的关系。定性的分析有:林毅夫

(2000)分析了农村改革与中国农业发展之间的关系及作用方式。陈本良、陈万灵(2000)指出区域经济差异扩大的原因在于制度环境差异。史晋川、谢瑞平(2002)揭示了长江三角洲不同地区经济发展模式和制度变迁方式的特点及两者之间的内在关系。阎衍(1999)考察了制度转型时期中国地区经济增长中的制度内生性及其制度资源在地区分布上的非均衡性对经济增长的影响。邱成利(2001)探讨了制度创新对产业集聚的作用机制。定性的分析主要是引入影响经济增长的制度因素,实证地分析制度变量对区域经济增长的影响(胡乃武、阎衍,1998;韩晶、朱洪泉,2000;金玉国,2001a;沈坤荣,2002)。另外,王文博、陈昌兵、徐海燕(2002)构建了包含制度因素的中国经济增长模型,并测算出制度因素的贡献率。金玉国(2001b)证明了我国1978—1999年的工业绩效变动与制度因素的因果关系。

对广东省制度因素的分析,主要是定性描述广东省和珠江三角洲制度变迁的过程,包括:产权改革(张秀娟,1996),公有企业制度创新(朱卫平,1999),政企关系演变(王珺,2000),珠江三角洲经济转型发展的制度创新(宋栋,1999),深圳经济发展的动力源制度创新(罗清和、温思美,1999),顺德经济发展中的制度变迁(江佐中,2000),等等。另外,唐文进、田蓓(2000)对珠江三角洲和长江三角洲经济转型的制度变迁模式进行了比较。

1.2.4 对区域发展战略与管理的研究

对于我国在平衡与不平衡发展之间的战略选择以及实行平衡发展战略及不平衡发展战略带来的成效与后果,学者进行了大量的分析(杨开忠,1994a;李世华,1997)。对于区域发展梯度理论、反梯度理论的应用,许多学者从不同角度进行了分析。张塞(1993)主张,区域经济发展应选择"双梯度"(或称为"大、小梯度")开发布局战略,认为总体经济开发分配应遵循东部、中部、西部的大梯度开发顺序,但同时要正视在经济发达的区域内有不发达的地区,在经济不发达的区域内也有发达的地区。因此,在一个大区域或省份区域中,也要进行梯度开发,这是一个小梯度。按照"双梯度"的开发策略,可以将有限的财力、物力优先放在对全局起关键作用和见效快、效益高的发达地区,然后向次发达和不发达地区递进,以达到全国经济的全面高效发展。

在区域发展空间战略上,陆大道(2001)认为,点轴系统是区域发展的最佳结构。点轴理论发展较为完善,学界对点轴系统的形成机理(陆大道,2002)、点轴系统的科学内涵(陆玉麒,2002)都进行了研究。在点轴系统的基础上,廖良才、谭跃进、陈英武等(2000)提出点轴、网面区域经济发展与开发模式。朱玉春、杜为公(2001)提出了波状对接模式。这些模式的提出都是为了实现区域的均衡发展。在发展策略上,顾朝林、赵晓斌(1995)通过研究资本流动对中国区域开发的作用,构造了一个以城市为主体的新型区域开发模式。方创琳(1999)提出资源导向型、区位导向型、市场导向型和复合导向型四种发展模式。程和元、李国平(1999)提出"一多二并"战略,即具有多个增长极,宏观空间(全国)协调与中观空间(三大地区)梯度同时并存,空间上呈现由经济增长点、经济增长线、经济增长面构成的网状结构。对于后发地区的发展路径和治理结构,朱玲(2001)认为如果把完善村级服务和精简政府层次作为未来改革和发展的突破,就有可能走上生态、经济、社会、文化相互协调的可持续发展道路。针对沿海经济低谷地区,张落成、吴楚材(2002)提出了发展的策略。对于西部地区的发展,洪银兴(2002)提出西部大开发和区域经济协调方式,即以经济结构调整吸引先进生产要素和中心与外围的对接。在发展战略的实施方式上,马海霞(2001)提出了区域传递的两种空间模式,陈建军(2002)提出了中国产业区域转移的动力机制。

在广东省区域发展战略上,陈鸿宇(2001)通过对广东梯度推移发展战略实施过程的描述,验证、提炼、丰富和发展了区域开发理论,并提出协调发展对策。吕拉昌(2002a)从珠江三角洲与外围地区互补性的角度提出区域整合的发展道路。甄峰、顾朝林(2000)提出了调控措施以实现广东省空间结构的持续、协调发展。毛蕴诗、汪建成(2002)通过对广东40家大型重点企业的问卷调查,分析了大企业集团的扩展路径。另外,许多学者对粤港一体化的战略模式进行了分析(黄朝永,2002;刘俊杰,2002)。

1.2.5 评价

1.2.5.1 地理学已形成自己的区域发展研究特色

地理学研究区域发展的特色,重点是认识区域发展的自然与社会经济基础,探讨区域发展水平分异的基本规律,揭示区域产业结构和区域发展空间结构的形成机理;通过区域发展指标体系的确定,准确地描述区域发展的态势;基于区域发展的政策的研究,为区域发展的合理调控提供科学基础。地理学区域发展综合研究所涉及的领域有:①影响区域发展与区域发展状态分异的因素及其内在作用机理,重点探讨区域发展比较优势的构成要素、作用程度和演替规律;②区域开发的空间合理组织模式、空间结构演变的动力机制以及调控机理;③区域发展的协调研究,以我国东部沿海地区率先实现现代化及其带动战略研究为主题,探讨区域比较优势和创新理论、地区经济合作政策与途径;④系统研究以区域经济合理布局为核心内容的区域发展战略框架,预测区域产业结构和产业布局变化的基本走势,提出推进区域布局合理化的政策和措施建议。

1.2.5.2 新增长理论与新制度主义理论的进展没有很好地在区域研究中得到实证

地理学对于区域发展的研究侧重于对区域差异现象的描述及从环境、经济发展、社会发展层面寻找出现差异的原因,而对于知识、制度在地理空间上的作用程度、作用方式研究甚少,对知识的研究仅限于人口素质以及技术差异的分析,对制度的研究仅限于区域发展政策的研究。总的来说,新区域发展理论在空间维度的作用没有得到足够的体现和重视。因此,对在新的决定因素——知识和制度作用下区域空间结构的演变以及知识和制度因素在空间上的作用方式的研究,是地理学研究区域发展的必然要求。

1.2.5.3 对珠江三角洲外围地区的研究广度和深度不足

国内对珠江三角洲的研究较多,而专门针对珠江三角洲外围地区的研究却很少,主要集中在区域资源开发与可持续利用、环境保护、农业和旅游业等产业的发展等方面。许多研究将广东省作为一个整体进行研究,较少有研究从中观角度将广东省划分为两个差异明显的经济地域进行比较。广东区域经济发展差异问题曾引起一些学者和研究人员的关注,但大多着重于区域差异的现状格局分析和贫困地区的问题探讨,并且对于区域经济发展差异的产生原因很少从知识和制度角度进行分析。以上这些方面都不能不对研究的深度和广度产生影响。

2

研究设计

2.1　选题意义与研究目标

2.1.1　选题意义

本书的主题是对创新(包括知识创新和制度创新)在区域经济发展中的作用进行理论研究与实证分析,重点以知识创新活动比较活跃、制度创新绩效比较好的珠江三角洲地区为对象,将其与外围地区进行比较,在比较中分析两个区域知识创新和制度创新的构成、演进、功能与效率上的差异,并最终提出缩小差距的区域创新扩散的模式。对珠江三角洲及其外围地区在知识创新和制度创新上的差异进行比较,既有理论上的意义,又有实践上的意义。

2.1.1.1　理论意义

20 世纪 80 年代以来,出现了不同于流传了近 30 年的新古典增长理论的新增长理论,以及高度重视政治、法律、组织、制度安排和制度变迁等非经济因素的新制度主义理论(谭崇台,1999)。现代经济理论的研究成果已充分显示,知识和制度已经成为影响经济发展的重要因素。其中,与生产率水平的提高相联系的是决定协调成本的制度创新,与生产率水平提高速度加快相联系的主要因素是知识进步(匡远配、曾福生,2001)。也就是说,制度因素和知识因素都是促进经济增长的独立变量。正是制度与知识的互动增进,推动了区域的发展。理所当然,知识、制度与区域发展应该成为区域发展研究的一个重要命题,但是对这一命题的研究却很少。一方面,主流经济学特别是新增长理论和新制度主义理论的进展没有很好地在区域研究中得到实证和反思;另一方面,大量的区域发展研究没有吸收新的经济学理论的成果。总之,仍然有许多的问题待研究,如:在知识创新和制度创新推动下的经济地域具有什么样的特征、如何运行;内生增长理论和制度变迁理论如何对区域发展进行指导;知识和制度因素在区域差异中的作用机制是什么;区域与区域之间的扩散和动态关系如何、机制是什么。对这些问题的回答,有利于地理学对区域发展研究的进一步深入。

2.1.1.2 实践意义

作为我国改革开放的试验基地,广东省取得了举世瞩目的成就。特别是珠江三角洲,其经济社会发展、基础设施建设、城市化水平等方面,在全国均处于领先地位,为全省、全国甚至国际上的其他发展中国家和地区积累了良好的经验。珠江三角洲的发展一直是国内外区域发展研究关注的一个重要地区,已有不少研究初步总结了珠江三角洲发展的模式。在经济发展上,珠江三角洲通过大力发展乡镇企业成功地实现了工业化的腾飞,已成为全世界最大的计算机配件生产基地、亚洲最大的饲料生产基地以及全国最大的空调、风扇等家用电器和铝型材、建筑陶瓷等的生产基地,并初步完成了由初级劳动密集型工业向高级资本密集型工业的结构转化,而原先的劳动密集型企业已开始向珠江三角洲外围地区扩散。传统的桑基鱼塘、水稻、甘蔗等农业逐步被花卉、水果种植和新型养殖业等高附加值农业所取代。第三产业迅速发展,区内形成了多个全国规模的工业品和农产品批发市场。高新技术在三大产业中也得到了日益广泛的应用,该地区涌现出全国最大的计算机生产基地、最大的片式电子元件生产基地、最大的生物工程基地、最大的立体彩色照相机生产基地等(吴勇华,2000)。

相对于珠江三角洲的迅速发展来讲,珠江三角洲外围地区(粤北、粤东和粤西)的发展相对缓慢。改革开放和体制改革以来,在新的外部环境与新的经济机制和政策的作用下,这种经济发展差距有逐步扩大之势。如何缩小区域间经济发展差异,帮助和促进相对落后的外围地区的经济发展,是广东实现现代化面临的主要问题甚至是关键问题。区域经济发展的经验是可以互相借鉴的。发展的实践对进行珠江三角洲和外围地区的对比研究提出了客观的要求。

总之,区域经济发展的理论研究仍是地理学领域的一个薄弱环节,如何将相关的经济理论引入区域经济实证分析,在比较中认识各地区发展的优劣势,总结珠江三角洲改革开放以来发展的经验和教训,对珠江三角洲本身的持续协调发展具有重要的现实意义。在此基础上,把珠江三角洲的发展经验有选择地推广到外围地区,对指导这些地区的发展,寻求两个地区未来发展的互动机制,实现广东经济的整体腾飞具有重要的实践意义。

2.1.2 研究目标

本项研究试图解决以下几个方面的问题:①分析广东区域不均衡发展的积累过程及其呈现的空间形态,以动态和时空的观点来阐明珠江三角洲与外围地区区域差异的表现及其空间格局。②区域发展机制的再发现。区域发展源泉曾长期被归结为资本积累和外生的技术进步,新区域发展理论则试图把长期发展的动力建立在知识、人力资本和制度这样的经济内生的因素之上。笔者深信,尽管物理区位、自然资源和物质资本等因素仍然对区域发展起着不可忽视的作用,但从长期来讲,区域发展归根结底是知识、制度积累和创新的结果。很多空间经济现象都可以从经济地域发展的知识创新和制度创新的比较上找到深层原因。区域发展内在机制的重新发现,将在很大程度上改变区域分析的思维模式和区域发展的战略取向。本书将找出区域发展的决定因素,构建有制度变量的区域发展模型,并分析各种要素对经济增长的作用程度。③知识创新和制度创新的地理学响应。在空间维度进行内生经济发展理论模式的分析。分析知识创新的地区差距,包括其特征和成因;分析制度创新的差异,从制度层面分析区域发展的影响因素。④从产业转移、空间模式变化的角度来分析区域创新扩散,推动珠江三角洲与外围地区的协调发展。

2.2　研究架构与研究内容、研究区域

2.2.1　研究架构

本书主要围绕知识和制度、空间、经济发展三者之间的相互关系,从总结各种内生经济发展理论模式和分析经济地域制度变迁特征入手,通过对珠江三角洲与外围地区的比较,在知识创新、制度创新和区域创新扩散三个层面揭示区域发展机制。基本逻辑是:区域发展的积累过程在时间和空间上是不均衡的,珠江三角洲与外围地区存在巨大的区域发展差异;通过回顾知识与制度被引入经济发展理论的历史,提出知识创新和制度创新是区域发展的决定因素;分别比较珠江三角洲与外围地区在知识创新和制度创新方面的差异,在此基础上,提出缩小区域发展差距、实现协调发展的区域创新扩散模式。可见,本书遵循了这样一条区域经济发展研究的基本路径,即:理论评述——区域发展差异描述——机制揭示——知识创新与制度创新的比较——区域创新扩散(图2-1)。其中,知识创新和制度创新是贯穿全书的线索。

2.2.2　研究内容

基于上述基本逻辑,围绕区域发展的空间图景、发展之源和决定模式、创新扩散与协调三个问题,本书共分八章。第一章是区域发展理论评价,主要围绕区域发展地区差异、区域发展决定模式、区域发展战略与管理三方面来展开探讨。第二章提出研究设计思路。第三章分析了珠江三角洲与外围地区发展差异,主要从整体上对区域发展进行比较。第四章分析珠江三角洲与外围地区发展的决定因素,提出知识创新和制度创新是区域发展的决定因素,并构建有制度变量的模型来验证这一结果。第五章比较珠江三角洲与外围地区的知识创新,从拥有知识的质与量、运用知识的能力和知识创新能力三方面构建评价体系来分析知识创新差异的特征和形成

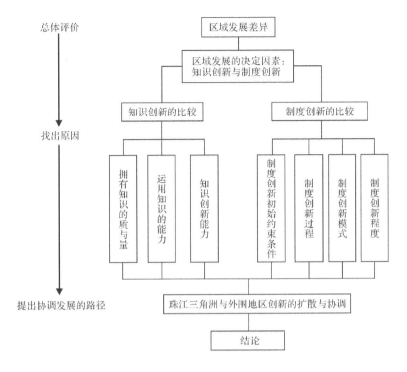

图 2-1 研究框架

原因。第六章比较珠江三角洲与外围地区的制度创新,从制度创新初始约束条件、制度创新过程、制度创新模式和制度创新程度四个方面进行比较,在制度这一层面分析造成区域发展差异的原因。在分析了造成区域差距的原因之后,第七章提出实现珠江三角洲和外围地区协调发展的路径——区域创新扩散,从缩小区域差距的角度提出区域创新扩散的模式与协调发展的战略。第八章给出了研究的结论。

2.2.3 研究区域

本书实证部分的研究,以珠江三角洲及其外围地区为例进行分析。珠江三角洲的研究范围与 1994 年珠江三角洲经济区规划划定的珠江三角洲经济区地域范围一致。珠江三角洲经济区包括:广州市、深圳市、珠海市、佛山市、江门市、东莞市,惠州市的惠城区、惠阳市、惠东县、博罗县,肇庆市的端州区、鼎湖区、高要市和四会市。外围地区包括东西两翼和北部山区。

东翼指汕头、汕尾、潮州和揭阳四个市,西翼指湛江、茂名和阳江三个市。北部山区是珠江三角洲和两翼以外的韶关、梅州、河源、清远、云浮地区以及惠州市的龙门县和肇庆市的广宁县、怀集县、封开县、德庆县。当因统计资料所限,需以地级市的行政辖区为讨论单位时,本书将广东省21个地市分为珠江三角洲与外围地区。珠江三角洲包括广州市、深圳市、珠海市、惠州市、东莞市、中山市、江门市、佛山市、肇庆市;外围地区包括东西两翼和北部山区,东翼指汕头市、潮州市、揭阳市、汕尾市,西翼指湛江市、茂名市、阳江市,北部山区指韶关市、梅州市、河源市、云浮市和清远市。①

2.3 资料来源及评估

所使用的资料来源主要包括文献、统计资料和调查资料。有些资料属于对统计资料进行归类、计算后形成的加工资料。

2.3.1 文献

笔者广泛地查阅了国内外相关的研究文献,包括中外期刊、学术著作及少部分尚未公开发表的文献。

2.3.2 统计资料

关于广东省以及各地市的经济社会发展情况,主要来源于各年份出版的《广东年鉴》《广东统计年鉴》《中国城市统计年鉴》。资料绝大部分为公开出版,部分资料直接来源于统计部门,因此比较可靠和准确。关于广东省各市知识创新发展的情况,主要来源于各年份出版的《广东科技统计年鉴》和广东省 R&D 资源调查统计资料。

---

① 此范围经国家自然科学基金重点项目"港澳—珠江三角洲及其外围地区协调发展的研究"中期评估专家组的认定。

2.3.3 调查资料

在写作过程中,笔者先后深入珠海、东莞、惠州、顺德、韶关、清远、汕头、汕尾、潮州等地进行了实地调查,有以下几个方面的收获:一是对各地社会经济发展状况有了比较直观的了解;二是在调查中发现了珠江三角洲与外围地区发展差异的一些典型的例证;三是了解了当地经济发展中的问题。

3

珠江三角洲与外围地区
发展差异分析

3.1　广东省经济发展差异的总体状况

3.1.1　改革开放以来广东省各地市经济发展的综合差异及变动

改革开放以来,广东利用地处华南、毗邻港澳的区位优势和"先行一步"的制度优势,实现了经济的持续高速增长。广东省 2000 年的 GDP 是 1978 年的 52 倍(图 3-1),1978—2000 年 GDP 年均增长率达到 20%(图 3-2)。与持续高速的增长伴随的是产业结构获得重大调整(图3-3),产业结构提升趋势非常显著,第一产业比重持续下降,第二、三产业比重提高,尤其是第三产业增长迅速,第一产业比重从 1978 年的 30% 下降到 2000 年的 10%,而第三产业从 24% 增加到 39%。

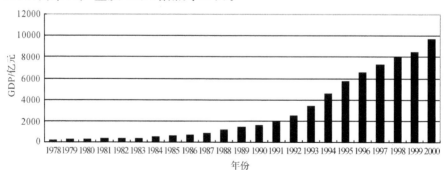

图 3-1　1978—2000 年广东省 GDP 变化图

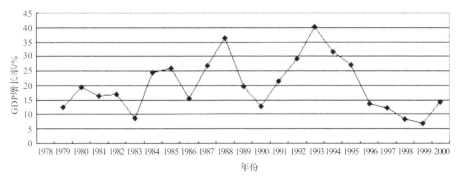

图 3-2　1978—2000 年广东省 GDP 增长率变化图

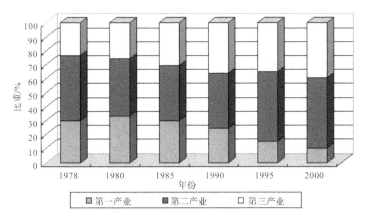

图 3-3　1978—2000 年主要年份广东省三次产业比重变化图

在经济快速发展的同时,广东省内区域之间经济差异在不断扩大。区域经济发展差异指在经济发展过程中,在相当长的一段历史时期内,不同区域的经济发展水平与经济增长速度持续出现差异的状态和过程。人均 GDP 是表示区域经济发展差异的主要指标,因此通过对广东省 21 个地市人均 GDP 的分析可以了解区域经济发展差异程度及其变化情况。对差异的测度包括绝对差异、相对差异和综合差异。绝对差异是某变量值偏离参照值的绝对额,在此使用极差和加权标准差来表示。相对差异是某变量值偏离参照值的相对额,可以消除总量的直接影响,其变化直接受经济增长率的影响,在此使用极差系数表示。综合差异反映了分析样本中各区域间某变量值差异的总体状况,在此使用基尼系数和离散系数来表示,基尼系数通常用作衡量收入或财产在人口中的分配差别程度,在此用于计算区域之间的差

异程度,离散系数则表示样本对总体中心趋势的偏离程度。具体计算公式如下:

(1) 加权标准差:$\sqrt{\dfrac{\sum\limits_{i=1}^{n}(X_i-\overline{X})^2 \times P_i/P}{n}}$

X_i 为第 I 个区域的人均 GDP,$\overline{X}$ 为全省人均 GDP,n 为样本数,在此为 21。P_i 为第 I 个地区的人口数,P 为全省人口数。

(2)极差:$P = X_{\max} - X_{\min}$

$X_{\max}$ 为人均 GDP 最高区域的值,$X_{\min}$ 为人均 GDP 最低区域的值。

(3)离散系数(加权变差系数):$V_w = \dfrac{S}{\overline{X}}$

S 为加权标准差,$\overline{X}$ 为全省人均 GDP。

(4)极差系数:$Pc = X_{\max}/X_{\min}$

$X_{\max}$ 为人均 GDP 最高区域的值,$X_{\min}$ 为人均 GDP 最低区域的值。

(5) 基尼系数:$G = 1 - \sum\limits_{i=1}^{n} V_i/n \qquad (i = 1, 2, \cdots, n)$

$$V_i = U_{i-1} + U_i$$

$$U_i = \sum_{i=1}^{i} Y_i$$

$$Y_i = \frac{X_i}{\sum\limits_{i=1}^{n} X_i}$$

G 为基尼系数,n 为 21,Y_i 为第 I 个区域的人均 GDP 占全省人均 GDP 的比重,U_i 为第 I 个区域的 Y_i 向下累加,在计算时,将 Y_i 按向下递增的方式排序。

使用广东省 21 个地市 1980—2000 年 4 个时间点的人均 GDP 和人口数计算出各市经济发展的相对差距和绝对差距指标,见表 3-1。从中可以看出如下特点。

第一,各地市在改革初期经济发展水平已经呈现较大差异。1980 年人均 GDP 最高的广州是最低的汕尾的 7 倍多。除韶关外,人均 GDP 高于平均值的城市全部位于珠江三角洲内。

第二,各地市间的绝对差异不断扩大。加权标准差反映各区域人均GDP与全省平均 GDP 的平均离差,1980—2000 年人均 GDP 的加权标准差扩大了 50 倍;从极差来看,2000 年最高和最低之间的差距是 1980 年的 22 倍;到 2000 年,人均 GDP 最高的深圳已是最低的河源的 14 倍。

第三,各地市间的相对差异和综合差异不断扩大。从离散系数来看,虽然 1995 年略低于 1990 年,但总体趋势是扩大的,特别是 1995 年之后差异扩大较多,离散系数的增长较快;从极差系数来看,呈绝对扩大之势;基尼系数也表现为绝对增加,特别是 1995 年之后增长更快。

第四,从更大的区域来看,珠江三角洲与外围地区的差异越来越大。1980 年人均 GDP 高于均值的城市包括除惠州、肇庆之外的珠江三角洲的所有城市,但还有外围地区的韶关;在 1990 年时,韶关已经不在人均 GDP 高于全省平均水平之列,人均 GDP 高于全省平均水平的城市全部位于珠江三角洲地区(惠州、肇庆仍不在此列);在 1995 年和 2000 年,惠州也列入人均 GDP 高于全省平均水平的城市。至此,所有珠江三角洲内的城市除肇庆以外人均 GDP 都高于全省平均值,而外围地区所有地市的人均 GDP 全部低于全省平均水平。珠江三角洲和外围地区的分化越来越显著。

表 3-1　1980—2000 年广东省各地市人均 GDP 差异状况

年份	加权标准差	极差/元	极差系数	离散系数	基尼系数	极大值/元	极小值/元	全省人均GDP/元
1980	268	1694	7.21	0.43	0.30	1967	273	627
1990	1839	6087	8.52	0.72	0.35	6896	809	2566
1995	6234	21303	11.25	0.71	0.36	23381	2078	8743
2000	13683	36875	13.85	0.95	0.43	39745	2870	14350

资料来源:根据《广东统计年鉴 2001》《广东五十年》整理计算

3.1.2　改革开放以来广东省各地市经济发展速度的差异

前面是用静态和比较静态的分析方法描述人均 GDP 的区域差异,下面用人均 GDP 的增长率作为动态指标描述区域差异变化及其趋势。比较

20世纪80年代和90年代广东省各地市人均GDP增长率(图3-4),可以发现如下特征。

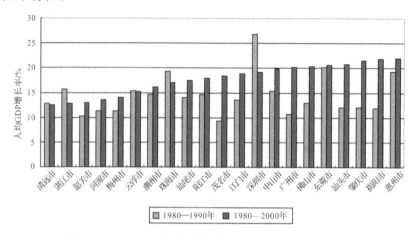

图3-4　1980—2000年广东省各地市人均GDP增长率比较

(1)大多数城市90年代的人均GDP增长率高于80年代。从全省来看,80年代的人均GDP增长率为14.5%,而90年代为17.8%。

(2)90年代人均GDP增长率的差距比80年代缩小,最高与最低的差距从18百分点下降到10百分点,人均GDP增长率的标准差从4.1%下降到3.2%。

(3)人均GDP增长率在全省平均水平以上的绝大部分为珠江三角洲内的城市。90年代人均GDP增长率高于全省平均水平的12个城市中包括了除珠海之外的其余8个珠江三角洲地区的城市,外围地区12个城市中仅有4个包括在内,而80年代人均GDP增长率高于全省平均水平的9个城市中有4个属于外围地区,5个属于珠江三角洲地区。由此可以看出,珠江三角洲与外围地区在经济发展速度方面的差异在扩大。

3.1.3　广东省经济发展的区域空间差异

大多数关于区域经济发展差异的分析是将区域间经济发展水平或规模的差异和区域间经济增长速度上的差异分开来对待。本书将二者结合起来,不仅分析速度与发展水平的差异,而且分析速度与发展水平的关系,以此分析不同地域的经济发展及其变化程度。在此分别采用 1990 年和 2000 年各地市"综合经济发展指数"作为横坐标,反映广东省 21 个地市总体经济发展水平在全省范围内的地位高低。以 1980—1990 年以及 1990—2000 年的人均 GDP 增长率的平均值作为纵坐标,反映各地市发展速度。使用平均增长率可以避免仅使用某一年的人均 GDP 增长率带来的偏差,还可以分别代表 20 世纪 80 年代和 90 年代的经济增长速度。

有关综合经济发展指数的测算,采用多指标因子分析法,主要使用表示经济发展水平的指标,共有 6 项:人均国内生产总值、非农业人口比重、人均出口总值、人均实际利用外资、人均社会商品零售额、人均固定资产投资。因子分析法可以简化变量,将变量转化为几个彼此互不相关的主因子,避免信息的重复,而且可以根据主因子的方差贡献率客观地确定指标权重,避免权重选择的人为性。在本次分析中,计算各地市在主因子上的得分,用此得分作为每个城市的综合经济发展指数,这种计算因子得分的方法比用层次分析法的专家打分确定权重更为客观。具体的计算过程为:①分别对 1990 年和 2000 年上述 6 项指标进行主成分分析,都只解出一个主因子,各自的贡献率分别为 87% 和 82%;②计算 21 个地市在此主因子上的得分,作为综合经济发展指数(表 3-2、表3-3);③绘制出 21 个地市综合经济发展指数与经济发展速度的散点图(图 3-5、图 3-6);④根据各城市在两个指标上的得分,分别对 1990 年和 2000 年的广东省经济增长类型进行划分(表3-4)。从图表中可以发现以下几个特征。

表 3-2　1990 年广东省各地市经济发展比较

序号	城市名	综合经济发展指数	发展速度/%
1	深圳市	3.90034	26.82
2	珠海市	1.06034	19.34
3	广州市	0.71033	10.66
4	佛山市	0.33712	12.92
5	东莞市	0.22848	20.18
6	中山市	0.06435	15.36

续表

序号	城市名	综合经济发展指数	发展速度/%
7	江门市	−0.14278	13.62
8	惠州市	−0.17427	19.23
9	汕头市	−0.21899	12.08
10	韶关市	−0.24797	10.21
11	潮州市	−0.36083	14.66
12	湛江市	−0.41105	15.69
13	肇庆市	−0.43866	12.08
14	汕尾市	−0.47129	14.06
15	阳江市	−0.47344	14.65
16	云浮市	−0.52571	15.41
17	清远市	−0.53569	12.80
18	茂名市	−0.53673	9.30
19	揭阳市	−0.56266	11.93
20	梅州市	−0.57416	11.33
21	河源市	−0.62672	11.28

表 3-3　2000 年广东省各地市经济发展比较

序号	城市名	综合经济发展指数	发展速度/%
1	深圳市	2.35526	19.14
2	珠海市	2.13134	17.03
3	广州市	1.79364	20.27
4	佛山市	0.67867	20.35
5	中山市	0.57587	19.92
6	东莞市	0.35879	20.68
7	惠州市	0.20404	22.08
8	江门市	0.02266	18.83

序号	城市名	综合经济发展指数	发展速度/%
9	汕头市	−0.03267	20.82
10	肇庆市	−0.46205	21.61
11	韶关市	−0.47289	12.93
12	汕尾市	−0.50941	17.51
13	阳江市	−0.57058	17.90
14	潮州市	−0.59458	16.13
15	茂名市	−0.65335	18.37
16	揭阳市	−0.72594	21.90
17	湛江市	−0.73435	12.87
18	云浮市	−0.74295	15.16
19	清远市	−0.79367	12.56
20	梅州市	−0.85211	14.06
21	河源市	−0.97572	13.50

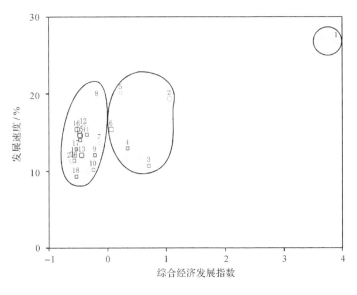

图 3-5　1990 年广东省各地市经济发展比较

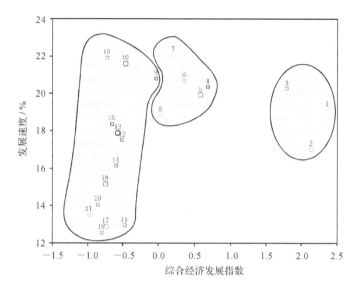

图 3-6　2000 年广东省各地市经济发展比较

表 3-4　1990 年与 2000 年广东省各地市经济增长类型

类型	城市名(1990 年)	城市名(2000 年)
高发展水平快增长	深圳、珠海、东莞、中山	深圳、广州、佛山、东莞、中山、江门、汕头、惠州
高发展水平慢增长	广州、佛山	珠海
低发展水平快增长	惠州、阳江、潮州、湛江、云浮	肇庆、揭阳、茂名、阳江
低发展水平慢增长	韶关、肇庆、汕尾、清远、茂名、揭阳、梅州、河源、汕头、江门	韶关、清远、云浮、湛江、梅州、河源、汕尾、潮州

　　(1)从综合经济发展指数来看,1990 年综合经济发展指数从高到低可以分为:第一集团是深圳,第二集团是除江门、惠州、肇庆以外的珠江三角洲的其余城市,其他城市则位于第三集团,差别不大;到 2000 年,上述集团出现了分化和重新整合,表现为综合经济发展指数从高到低的第一集团是深圳、珠海、广州;第二集团新增了江门和惠州,即包括了除肇庆之外的珠江三角洲的所有城市;第三集团为其余城市。上述第一集团和第二集团的综合经济发展指数都为正值,而第三集团都为负值。

（2）结合发展速度来看，1990 年和 2000 年三大集团内部各城市之间存在发展速度上的差异，具体表现为：第一集团中的深圳一直保持了较高的增长速度，珠海在 90 年代增长速度减缓，广州在 90 年代增长速度加快，从第二集团跨入第一集团；第二集团中的东莞和中山的增长速度一直较快，佛山在 90 年代加快增长，而惠州和江门也加快增长，从第三集团跨入第二集团；第三集团内部在增长速度上分化较突出，清远、韶关、梅州、河源、汕尾一直增长缓慢，而湛江、云浮在 90 年代比 80 年代增长速度放缓，但肇庆、茂名、阳江、揭阳在 90 年代的增长速度加快。

（3）综合分析 1990 年和 2000 年综合经济发展指数和发展速度的关系，可以发现：在 1990 年，综合经济发展指数和发展速度之间为粗略的线性关系，第一集团的发展速度最快；而在 2000 年，综合经济发展指数和发展速度呈对数曲线关系，第一集团的发展速度已经放缓，第二集团的发展速度相对最高，这一趋势也证明了珠江三角洲内部差异在不断缩小。

以上分析可以得出，广东省内区域经济发展的空间差异主要表现为两大地域即珠江三角洲地区与外围地区的差异，珠江三角洲地区作为广东经济核心的地位不断得到强化，更加突出，在珠江三角洲内部基本上是以广州、深圳和珠海为中心，佛山、东莞、中山为内缘，江门、惠州、肇庆为外缘。而外围地区与珠江三角洲地区的差异变大，其中东、西、北部原来的三个中心除东部的汕头的经济地位不变外，北部的韶关和西部的湛江的地位都在下降。这一结论可以由核心—边缘理论来解释，从整体上来看，极化效应很突出，作为核心的珠江三角洲地区的经济极化作用仍然在加强，而外围地区的发展受到抑制。根据这一差异，可以划分出广东省的两大合理经济地域。

3.2　广东省合理经济地域的提出

3.2.1　合理经济地域的界定

3.2.1.1　经济地域

经济地域是指人类经济活动与时空条件紧密结合而形成的具有特定结构类型的相对完整的地理空间(韦复生,1998)。它是经济活动相对独立、内部联系紧密而且具备特定功能的地域空间(付晓东,2000)。它是认识区域和研究区域的根本出发点。在区域经济地理学科中所提到的经济地域或经济区域,二者的含义基本是一致的。经济地域与人文地域、自然地域相对,主要是研究人类经济活动领域的地域组织问题。本书采用经济地域这一概念是因为:①主要研究范围是经济活动领域;②希望提出合理经济地域的概念。

经济地域系统具有如下特性:整体性、相关性、合目的性和环境适应性。整体性是一个系统存在的首要条件。每一个经济地域都有自己的经济管理系统,这一系统集中统一了所有的经济活动,这种管理行为是经济一体化的表面力,各种经济活动因自身发展的要求而集结在一起,是整体性形成的根本原因。相关性是整体性存在的保证,经济地域内城镇之间、城乡之间以及各行业、部门之间都被经济联系紧密地维系在一起。这一联系又通过对基础设施的共同使用及其共同存在于一个政治、地域及文化背景之中而被加强。美国区域经济学家胡佛(E. M. Hoover)肯定地指出:"虽然谁也不能完全领悟区域经济中种种相互依存的关系,但我们完全知道它们是存在的。一个区域,它之所以成为一个区域,就在于区内有一种认识到某种共同区域利益的一般意识;有这种意识是幸运的,因为这样一来,采取某些明确措施,作出共同努力,提高区域福利水平,就有可能了。"正是这种"一般意识"使得经济地域系统的客观发展有着很强的合目的性。

系统的发展环境是由经济地域内的政治文化和自然环境共同构成的。在这些环境中,系统不断接受正反两方面的输入,通过生产子系统的作用实现再输出,实现自身的发展和对环境的适应(高佃恭、安成谋,1998)。由此可见,经济地域是在宏观条件因素作用下,通过地域分工和动态相互作用而形成的有机整合体系。它是包括多种物质内容的综合性的经济地理空间,它有自己的形成、发展和运动规律,有自己的运行机制、结构功能和网络系统(陈才,2001)。

3.2.1.2　经济地域与行政区划之间的错位现象

在经济市场化、信息化、区域化的经济发展趋势下,强调经济地域系统为学科研究对象有着更为现实的意义(陈才、刘曙光,1998)。因为随着经济的高速增长,国内各区域经济发展的不平衡加剧,进而制约经济高速发展。为协调区域间发展不平衡的矛盾,有必要将不同经济地域进行比较分析。将一个地区内部视为均质性,是进行经济地域研究的前提,区间差异性和区内一致性是地区经济活动构成一个系统的必要条件。传统经济地域的划分是将区域按省市行政区域来划分的。区域科学的创始人艾萨德(Walter Isard)指出:"要从某一给定的行政区入手……当现有的行政区不适合问题的要求时,我们要按具体情况确定新的范围。"尽管这仅是一种解释性的说明,但也基本确定了经济地域划分的内涵。区域经济的发展,其动力一方面来自于经济内部,另一方面来自于上层建筑的反作用。每一行政区的确定,既是社会经济发展的结果,又规定着社会经济的进一步发展,所以胡佛指出:"最有用的区域分类,也就是那种遵循行政管理范围的边界划分而形成的区域。"

然而在现实的区域研究中,采用省区市等行政区的划分,虽然顾及了基本自然条件、历史文化和经济联系,而且也可能满足区内均质性和区间差异性的区域特征要求,但随之而来的问题是行政区划严格限制了经济活动的空间,不符合市场经济下区域经济是一个随市场网络延伸和专业化劳动分工而不断扩散延伸的开放的空间系统特征(宋栋,2000)。总之,以省区市的方式来研究区域经济从根本上不符合市场优化配置资源的需要。事实上,我国当前区域经济中最大的问题就是行政区域与经济区域的巨大矛盾,这种矛盾体现为在经济体制转轨过程中,政府的职能没有做出相应的转变,仍想以行政管理的方式来管理经济。政府往往更关心其所管辖的行政区域的发展,而不大考虑经济的合理流向和资源的跨行政区域的合理配置,甚至从地方保护主义出发,人为地限制跨行政区域的资源的流动,割断跨行政区域间的经济联系,阻碍合理经济地域的形成。随着社会劳动分工的发展,生产社会化程度提高,经济区域化趋势日益明显,从而使经济区域和行政区划之间在空间范围上的错位现象变得更为普遍。特别是在社会生产力发展到较高阶段时,经济区域和行政区划的错位带来的矛盾会更加凸显。

3.2.1.3 合理经济地域的提出

为了克服上述区划方法在区域经济实证研究中的局限性,本书提出"合理经济地域"这一概念,目的是使这一区划方法能根本符合研究经济体制与经济发展转型所带来的区域经济质的变化的需要。所谓合理经济地域,是在经济市场化、信息化、区域化的经济发展趋势下,以一定自然地理和人文历史状况为形成条件,在市场机制的作用下,反映经济要素地域组合特征并应用于组织和调节宏观经济活动的多层次经济地域单元,按照比较优势、专业化协作分工、产业结构高度化演进和共同经济利益等经济发展内在联系的要求,通过内外协调机制,依托城市网络和交通通信要道,突破行政区域的限制,在一定地域范围内自下而上形成的具有相对合理的经济结构和空间结构、开放的经济区域系统,从而实现经济地域内功能一体化。合理经济地域的本质特征有:①经济地域应是自然区和行政区以外另一多层次地域系统。具体来说,它是反映经济要素地域组合特征,即具有经济地域分异规律的多层次地域单元。经济要素的地域组合随着社会经济的不停运行而处于动态变化之中,并随着社会经济发展的阶段性演进而发生明显改变。②合理经济地域是不断突破行政区划的界线,在空间上具有开放性的经济区域系统。③合理经济地域的经济组成随着社会经济发展阶段的演进而发展变化,通过组织合理的地域分工促进地区结构演进和提高地区经济效益,它有利于组织和调节宏观经济活动(吴贯桐,1997)。④具有相对完整的地理空间,即有相对明确的地理界线,拥有具体的地理内容。⑤具有特定的功能与结构,有其形成与变化的机制。不同经济地域类型都具有特定功能,如分工的功能、流通的功能、发展的功能、产业集聚与分散的功能、地域分化与组合的功能、组织的功能等;都具有特定的结构,如产业部门结构与空间结构等(王荣成,1997)。⑥合理经济地域之间具有核心—边缘的空间二元结构。经济要素组合以社会生产发展过程中形成的专门化分工为基础,并表现为地区专门化生产部门和支持它正常运行的辅助部门、自给性部门一起构成一定的经济组成,同时以其中的专门化生产部门作为此经济组成的中心和标志。这些专门化生产部门的分布地区,就是核心经济地域,中心以外的相关辅助部门和自给性部门的分布地区,是核心经济地域的腹地,为边缘区。核心区与边缘区具有互补的特性。

3.2.2　广东省合理经济地域的划分

在市场经济条件下,广东省的经济是由若干经济实力、主导性市场导向和经济功能不同的地域经济通过实际经济联系而形成的空间经济系统(余文华,1996)。根据广东省各地区主导性市场指向和经济功能的异同,将广东省合理经济地域划分为两大类型,即珠江三角洲及其外围地区。根据广东省各经济地域的自然、人文、经济的相似性和差异性,外围地区可进一步划分为东西两翼与北部山区。

虽然在市场经济与开放条件下,合理经济地域的边界会随着区域内外经济主体活动触角的不断延伸而发生变化,但是,其基本实体仍需建立在一定的具有地理连续性和人文历史同质性的空间范围内。改革开放以来的经济开放、香港的高速增长及其城市发展使人们认识到整个珠江三角洲地域和经济势必强化与整合的趋势。珠江三角洲工业化和城市化的发展以及珠江三角洲内在基础设施的需求、交通问题、消费模式和人口压力是休戚与共的,这就使得西江、北江和东江口的 8610 平方千米的冲积平原——三角洲成为一个广阔的区域实体,范围包括整个广东中心的低洼地带。1985 年,珠江三角洲开放经济区(OEZ)的名称被提出,当时的"小三角洲"包括佛山、江门、中山、东莞四市和南海、顺德、宝安、斗门、番禺、恩平、高明、鹤山、开平、台山、新会、增城 12 个县。1986 年,三水县也被列入,使全区总面积达 22940 平方千米。1987 年 9 月,国务院又进一步扩大了这一经济区,使珠江三角洲经济区包括 14 个市县:广州、深圳、珠海、佛山、江门、东莞、中山、惠州市区、惠阳县、惠东县、博罗县、肇庆市区、高要市、四会市。这种开放的经济区最初不过是做了一些行政上的划分以规范经济自由度,但是随着经济的发展,人口、资金和信息的循环使其已成为一个名副其实的物化的实体。本书的珠江三角洲经济地域就是指珠江三角洲经济区包括的 14 个市县。外围地区是广东省除珠江三角洲以外的地区,是珠江三角洲的边缘区,包括东西两翼和北部山区。东翼包括汕头、汕尾、潮州、揭阳四个市;西翼包括湛江、茂名、阳江三个市。北部山区包括韶关、梅州、河源、清远、云浮,肇庆市除市区和高要、四会以外各县,惠州的龙门县。

3.2.3　广东省合理经济地域的形成条件

3.2.3.1　自然条件与自然资源是经济地域形成与发展的自然物质基础

自然条件和自然资源的分布特点,对产业分布格局和劳动地域分工有着明显的影响,自然条件、自然资源也直接影响经济地域的类型和地域的产业结构。广东省地处亚热带,境内地势北高南低,北依南岭,南濒南海,客观上形成了不同的自然地理区,并成为经济地域形成的自然基础。珠江三角洲地区绝大部分位于北回归线以南,是我国最大的南亚热带平原,毗邻南海,高温多雨,光照充足,土壤肥沃,河网密集,水源充沛,水运方便,海岸线长达 500 千米以上。优越的自然条件使该区自古以来都为广东经济发展水平最高的地区,乃至成为全国最富庶的地区之一。稠密的人口、充足的劳动力使该区城镇发育最快,工业、第三产业的发展也优于其他地区。同时,濒临港澳的优越条件为改革开放后的高速发展提供了强大的动力。与外围地区相比,本地带的自然要素的弱点主要是矿产、能源资源严重不足。受资源条件的约束,珠江三角洲形成显著的外向型经济发展战略。粤东地区有全省第二大平原——潮汕平原,农业基础好,自然资源潜力大,海岸线长,港口众多。该区港澳同胞众多,在吸引外资上有一定的优势。但该区交通不发达,易达性差,能源紧缺,原料不足,影响其经济的发展。粤西地区为广东省热带地区,矿产资源、海洋资源丰富,但该区水资源紧缺,台风、干旱等自然灾害严重,影响该区发展。北部山区自然资源丰富,但资源优势难以发挥,耕地少,交通不便,自然环境差,水土流失严重,经济基础差,发展难度大(刘筱、阎小培,2000)。可见,珠江三角洲与外围地区自然条件与自然资源的差异,很大程度上决定了开发的难易程度,是经济地域人口、产业集聚程度不同的重要原因。

3.2.3.2 交通信息条件是经济地域形成的人工设施基础

区域性的基础设施,特别是交通、通信设施是区域互相联系的纽带,其便利程度直接影响区域的辐射能力和吸引范围,进而影响经济地域的形成。交通条件指经济地域进行人员往来和物资交流的方便程度;通信条件指传递情报信息的设施和方便程度。珠江三角洲地区完善的交通、通信条件使在珠江三角洲地域范围内的城市相互联系、相互配合,形成一个完整的合理经济地域。20世纪80年代以来,珠江三角洲投入大量资金,超前进行交通、通信等基础设施建设,已形成以综合、立体、高速、大容量为主要特征的交通网络。珠江三角洲地区拥有京广、京九、广深、广梅汕、广茂湛等铁路,广深、深汕、广佛、广花、广三、惠深、佛开、广州环城等高速公路和105、106、107、205、321、324、325等7条国道公路。在该交通运输网中,核心城市和次中心城市成为节点,连接各节点的线状基础设施两侧成为城镇密集发展地带。珠江三角洲地区也是全国通信设施最先进的地区之一。2001年珠江三角洲拥有电话1174万部,其中农村有420万部。移动电话更为普及,数字数据网已覆盖全区。通信系统的发展,使珠江三角洲地区之间交流加强,进一步推动了珠江三角洲作为一个合理经济地域的形成。

相比较而言,外围地区的交通设施的发展落后于珠江三角洲地区。从公路网密度来看,1993年珠江三角洲公路网密度为0.461km/km²,而东翼、西翼和山区仅分别为0.347km/km²、0.423km/km²和0.305km/km²。到2000年则变为0.696km/km²、0.587km/km²、0.569km/km²和0.502km/km²。同交通设施一样,两大经济地域的邮电业务量对比十分强烈。2000年珠江三角洲的人均邮电业务量达 2324.5 元(1990 年不变价),分别比东翼、西翼和北部山区多 4.70、9.46 和 13.33 倍,反映出邮电业务量的明显差异。对比 1990 年,珠江三角洲、东翼、西翼和北部山区的人均邮电业务量分别只有 109.29 元、19.28 元、9.44 元、9.49元。很明显,20 世纪 90 年代以来,全省各地区交通和邮电设施发展均十分迅速,但珠江三角洲的增长速度远远快于外围地区,致使地域差异进一步扩大。

3.2.3.3 经济增长中的二元结构是经济地域形成的社会经济基础

地处华南沿海,华侨与港澳同胞众多,对外联系十分方便,是广东发展的区位优势。改革开放以来,广东充分利用其与港澳接壤的优势,大量吸引外资。在制度上,广东得益于"先行一步"的宽松政策,非公有制经济大力发展,市场机制的发挥推动了广东经济的高速发展和产业结构的优化。正是改革开放与不平衡发展战略催生了广东经济地域的二元结构。改革开放以前,广东省整体经济发展水平不高,由地域环境分异带来的地区差异表现得并不突出,整个广东省的区域经济处于低水平的相对均衡状态。但改革开放以来,随着不平衡战略的实施,外向型经济迅猛发展,区位条件、政策条件的差异导致地区发展潜力差异性逐渐显现出来并且日益突出,地区发展水平的不均衡性逐渐扩大。在市场经济条件下,人才、资金、资源、技术源源不断地流入珠江三角洲,使其在市场竞争中遥遥领先,经济迅速增长,乡村城市化迅速蔓延,形成了包括 28 个市(县)、500 多个建制镇的核心区域,从而在空间上形成了珠江三角洲与外围地区城镇分布的二元结构。广东省 2000 年共有城市 52 个,从城市的地域空间分布来看,有一半的城市分布在珠江三角洲地区,外围地区共 26 个,其中 19 个城市分布在东西两翼,剩余 7 个城市分布在北部山区。珠江三角洲的城市密度为 0.064 个/km²,东西两翼为 0.039 个/km²,北部山区为 0.006 个/km²。由此可见,珠江三角洲与外围地区城镇空间分布结构处于不同的发展阶段。珠江三角洲地区已开始进入成熟阶段(高级均衡阶段),对应于工业化中期,向信息化与产业高技术化发展,区域生产力向均衡化发展,空间结构网络化,整个区域成为一个高度发达的城市化地区。而外围地区处于扩散阶段,多数对应于工业化初期,形成的是点—轴状空间结构(李迅,2000)。珠江三角洲与外围地区的发展形成了二元结构,因此可以将广东省划分为两大合理经济地域。

3.2.4 广东省两大经济地域的主要特征与差异

对比两大经济地域的基本特征(表 3-5)可以发现:2000 年珠江三角洲的 GDP 总值是外围地区的 3.2 倍,占全省的 76.4％。珠江三角洲地区产业结构的发展水平显著高于外围地区,第一产业比重已非常低,第三产业比重接近第二产业。而外围地区第一产业比重仍占到经济总量的四分之一,第三产业比重低于第一产业比重。上述数据显示了珠江三角洲地区强大的经济集聚作用,以及两大地域处于经济发展水平的不同阶段。从 2000 年第五次人口普查的资料来看,珠江三角洲地区面积虽小,只占全省的 23.4％,但人口已超过外围地区,占全省的 50.1％,城镇人口比重是外围地区的 1.8 倍,由此可见珠江三角洲地区对人口的集聚作用非常强,从另一个侧面反映出其经济的极化效应。

表 3-5　广东省两大经济地域的主要特征

	范　围	面积/km²	"五普"总人口/万人	"五普"城镇人口比重/％	2000 年GDP/亿元	2000 年三次产业结构比重
珠江三角洲	广州、深圳、珠海、佛山、江门、中山、东莞、惠州市区、惠阳县、惠东县、博罗县、肇庆市区、四会市、高要市	41698	4544.52	75	7378.58	5.8∶49.6∶44.6
外围地区	汕头、揭阳、潮州、汕尾、茂名、湛江、阳江、梅州、河源、韶关、清远、云浮、惠州的龙门县、肇庆的广宁、德庆、封开、怀集 4 县	136699	4444.77	41	2283.65	25.0∶53.1∶21.9

资料来源:根据《广东省 2000 年人口普查资料》《广东统计年鉴 2001》相关数据整理计算

表 3-6 是以人均 GDP 为主要指标分析的两大地域的经济发展水平总体差异及其变化。两大地域的初始差异较大,极差系数接近 2 倍;绝对差异和相对差异随改革开放的深入均在扩大,20 年间标准差扩大了 34 倍,离散系数增加近一倍;从时间上可以看出,两大地域之间的差距在 1995 年之后拉大更快。20 世纪 80 年代珠江三角洲地区人均 GDP 年增长率为 16.8%,而外围地区为 11.5%;90 年代珠江三角洲地区人均 GDP 年增长率为 17.5%,而外围地区为 16.0%,虽然外围地区的人均 GDP 年增长率提高很多,但仍然低于珠江三角洲地区,因此总体经济发展仍然落后于珠江三角洲地区,而且差距不断加大。

表 3-6　1980—2000 年广东省两大经济地域人均 GDP 差异及变化

年份	珠江三角洲人均 GDP/元	外围地区人均 GDP/元	极差	极差系数	标准差	离散系数
1980	924	468	456	1.97	322	0.46
1990	4363	1384	2979	3.15	2106	0.73
1995	13695	4338	9357	3.16	6616	0.73
2000	21891	6092	15799	3.59	11172	0.80

资料来源:根据《广东统计年鉴 2001》《广东五十年》相关数据整理计算

4

经济地域不平衡发展的
决定因素分析

经济地域的发展是不平衡的,改革开放以来,珠江三角洲与外围地区两大经济地域之间具有相当大的差异,是什么因素造成了经济地域的差异呢？也就是说我们要解决什么是经济长期增长的决定性因素这一问题。本章从经济增长的决定模式演变的分析入手,指出知识创新和制度创新是经济发展的决定因素,建立了知识创新和制度创新的互动增进杠杆模式,同时,以珠江三角洲及其外围地区为例,构建了有制度因素的发展模型并求出知识和制度因素的作用程度,从而验证了提出的知识创新和制度创新的决定模型。

4.1　决定因素问题的提出

在经济增长方面,涉及的问题可以分为两类:增长引擎的探索和增长格局的转变。这两方面是研究经济地域不平衡发展的关键问题。毫无疑问,经济地域的发展是不平衡的,发动和推进经济发展的条件和因素并不完全一样,为此,我们必须找出一些在经济发展中起着根本性作用的因素,这就是所谓推动经济发展的决定因素。换言之,要找出那些能够直接推动经济长期持续增长、促进社会生产力发生变革、促进社会经济结构发生转变的根本性的决定力量。第二次世界大战后,西方学者在分析经济增长问题时,罗列了影响经济增长和经济发展的一些因素。由表 4-1 可以看出,产生区域差距的主要原因越来越侧重于以下变量:经济体系、经济结构、历史、政策、制度、社会、文化、技术、聚集经济、教育和人力资本等。在这些变量中,什么才是经济增长的决定性因素?许多学者对此进行了理论探讨,并确定生产函数来构建不同的经济增长模型。

表 4-1 区域经济不平衡增长主要原因的国外研究

研究学派(人员)	时间	研究区域	区域经济不平衡增长的主要原因
英国区域主义	18 世纪	英国	圈地运动、工业革命
美国区域主义	19 世纪	美国	南北战争
Ohlin,B. G.	1933 年	瑞典	运输成本、关税
Perroux,F.	1950 年	法国	增长极、主导产业
Losch,A.	1954 年	德国	要素禀赋差异
Myrdal,G.	1957 年	—	极化效应、涓滴效应
Hirschman,A. O.	1958 年	美国	创新、权力、权威
Friedmann,J.	1966 年	世界	世界资本主义体系
Frank,A. G.	1967 年	南美	历史、结构不平等发展
Santos,D.	1970 年	美国	经济、社会、政治、制度
Okun,A. M.	1975 年	英国	资本的集中倾向
Massey,D.	1979 年	美国	生产要素的非移动性
Richardson,H. W.	1979 年	美国	人力资本的外部性
Lucas,R. E.	1988 年	美国	技术进步
Raumol,W. J.	1986 年	世界	知识、人力资本、技术的收益递增
Romer,P.	1986 年	美国	历史、地方收益递增
Saxenian,A.	1991 年	美国	区域文化
Hanson,G. H.	1994 年	美国	地方化经济
Glaeser,E. L.	1994 年	美国	信息、观念

研究学派(人员)	时间	研究区域	区域经济不平衡增长的主要原因
Krugman,P.	1995 年	美国	运输成本的差异
Lazear,E. P.	1995 年	美国	文化、语言
Nizamova,A.	1996 年	俄罗斯	社会—区域结构、区域特质
Feldstein,M.	1998 年	美国	贫困
Kai-Yuen Tsui	1999 年	中国	制度安排、制度变化
Henderson,V.	2000 年	美国	经济与地理、政治与制度、政策
Sindzingre,A. N.	1999 年	—	排他性(资产、市场、制度)
Jovanovic,B.	2000 年	—	地理、专业化、外部效应、政策

资料来源:金相郁,2000.中韩区域经济不平衡增长的比较研究//李东进.中韩经济与管理比较研究.北京:经济科学出版社:247-282.

4.2　经济增长决定模式的演变

4.2.1　劳动力、资本投入要素决定论

古典经济增长理论是在假定技术和制度都不变的前提下对经济增长进行均衡研究,提出了劳动力和资本推动经济增长的模式。受假定条件和静态研究模型的局限,古典经济学认为经济增长的推动力量是劳动力和资本,并得出了投资边际收益呈现递减趋势的结论。新古典增长理论也强调资本、劳动力等要素对经济增长的作用,建立了劳动力和资本两要素的生产函数,而抽象掉制度因素或把制度因素视为外生变量。哈罗德(Harrod)、多马(Domar)分别从储蓄分析、投资分析入手,构建了哈罗德—多马模型。该模型说明,社会经济长期稳定增长的必备条件是一国一定时期的储蓄应全部转化为投资,从而强调储蓄即资本积累、资本投资在经济增长中的作用。在此基础上,美国经济学者索洛和英国经济学者斯旺于 1956 年提出了新古典经济增长模型。他们假定生产中使用劳动力(L)和资本(K)两种生产要素,L 和 K 的配合比例可以变动。其经济增长模型为:

$$\triangle Y/Y = a(\triangle K/K) + b(\triangle L/L) \qquad 式(4-1)$$

a、b 分别表示资本与劳动力对产量(收入)增长所作贡献的相对份额。由此可见,古典经济学与新古典经济学提出的劳动力、资本推动模式如图 4-1。

图 4-1　劳动力、资本推动模式图

然而,随着时代的发展,这一模式已很难解释现实条件下的经济增长。同时,受假定条件和静态研究模型的局限,古典经济学没有对经济增长的原因作出更深层次的解释。而新古典增长理论的预测之一是所谓条件收敛,即真实人均 GDP 的起始水平相对于长期或稳态位置越低,增长率越快。这一性质是由资本报酬率递减导出的,即人均资本更少的经济(如落后国家)趋于有更高的资本回报率和更高的经济增长率。然而,这一预测却因为新古典增长理论的假定与现实不符而与现实存在巨大差距,穷国与富国的差距不是缩小了(趋同),而是扩大了(趋异)。新古典增长理论的另一个重要预测是在缺乏技术连续进步的情况下,人均增长将最终停止,这也是源于资本报酬递减的假设。然而,人们现实地观察到,直到现在,包括美国的新经济在内的发达国家的经济增长,并没有明显的下降趋势,正的人均产出增长率可以持续一个世纪或更长的时间。这就使得新一代增长经济学家不得不对新古典增长理论作出重新审视(方齐云等,2002)。

4.2.2　技术进步决定论

一些学者发现,经济持续增长的动力或源泉,来自于技术的不断进步。1960 年,米德(James Edward Meade)在《经济增长的一个新古典理论》一文中加入了技术进步因素。其公式是:

$$\triangle Y/Y = a(\triangle K/K) + b(\triangle L/L) + \triangle T/T \qquad 式(4-2)$$

其中,$\triangle T/T$ 表示技术进步率。该理论模型认为,经济增长是资本、劳动力及技术进步共同作用的结果。美国经济学家丹尼森(Edward Fulton Denison)在 1962 年出版的《美国经济增长因素和我们面临的选择》一文中,根据美国的历史统计资料,采用全部要素生产率的概念,对经济增长的各种因素进行定量分析和比较分析,测算出各要素对经济的贡献度。结论是:美国经济增长中大约 1/3 可以归之于劳动力和资本增长,其余的 2/3 可以归之于教育、创新、规模经营、科技进步以及其他因素。经济学家索洛测算出在发达国家,技术进步对人均产出增长率的贡献大大超过了要素投入增长的贡献。另一位著名经济学家克鲁格曼甚至把 1997 年东亚金融危机的原因归结为没有技术进步、只有要素投入增长的粗放型经济增长,导致人们对"东亚奇迹"的重新审视与思考。不论克鲁格曼的观点是否正确,有一点是明白的,这就是,现代经济增长一定是由技术的不断进步所推动的(方齐云等,2002)。

20 世纪 80 年代中期以来,以罗默和卢卡斯的著作为开端,学界将技术进步及其所决定增长的因素内生化,形成了新增长理论。新增长理论假定制度和制度创新是经济增长的外生变量,认为制度创新与经济增长无关,内生的技术进步是经济增长的唯一源泉。罗默将知识溢出的理论应用于经济增长研究。他认为,知识溢出可以提高投资的边际收益,因而能够长期地推动经济增长。知识溢出所描述的就是技术创新及其扩散,这实际上已经较为清晰地阐述了技术创新推动经济增长的观点(葛清俊,2002)。新增长理论提出的技术创新推动模式见图 4-2。

图 4-2　技术创新推动模式图

新增长理论提出的技术创新推动模式梳理出了经济增长的直接推动力,但限于理论视野,没有能够看到推动经济增长的全部过程。也就是说,先入为主的制度创新外生假设,局限了新增长理论经济增长推动模式的理论视野。

4.2.3　制度决定论

上述经济增长推动模式,强调了资本、技术等因素对经济增长的重要性,却无法回答资本和技术的源泉何在,区域在某时期内的资本积累和技术创新的动力何在,怎样才能促使资本形成和推进技术进步等问题。因此,20世纪60年代以来,人们开始对抽象掉制度因素或者把制度因素视为外生变量的各种现代经济增长模型提出质疑,并在生产要素之外寻找经济增长的决定性因素。

传统的西方经济发展理论总是通过各种物质要素的变化来说明生产率变化和经济增长与否。如过去人们把眼光集中在储蓄、投资、资本、产出系数上,后来又研究对外贸易、人口、教育、技术等因素。新制度经济学的代表人物诺斯认为,以上这些是制度因素导致的结果,而不是原因,经济增长的原因是产权制度创新,如果没有制度的演进,没有制度创新,经济发展是不可能的。在《经济史中的结构与变迁》一书中,他通过大量的史料分析,对产业革命进行了重新认识,指出产业革命只是伴随经济增长的一个现象,或者说只是经济增长的一个结果,而不是相反;在《1600—1850年海洋运输生产率变化的原因》一文中,他通过对海洋运输成本的统计分析,发现并不是如史学家所说的那样,海洋运输技术促使了运输生产率的变化,而是船运制度和市场制度发生了深刻的变化,从而降低了海洋运输的成本。他由此得出结论:历史上的经济革命并不是由技术革命导致的,相反,是制度的变革为技术革命铺平了道路,制度变迁才是经济增长的决定因素(马健,1994)。诺斯认为,在没有生产技术变化的情况下,通过制度创新也能提高生产率和实现经济增长。一个效率高的制度,即使没有先进设备,也可刺激劳动者创造出更多的财富;但是再先进的设备若被安装在低效率的制度环境里,其效率可能还不如手工操作时代的效率。所以制度创新是基础,技术创新只有在制度创新的基础上才能发挥效用(潘义勇,2001)。这一结论可以从影响技术变迁的因素来分析。从根本的原因来说,一项技术或发明的取得大致可归结为以下的因素:人的智商或天分、灵感或顿悟,人的后天教育和努力程度,利益动机的驱使,导致个人和组织效率或动机改变的各种正式的和非正式的制度。其中的某些因素,如人的智商、天分和灵感等,是一种内在逻辑作用的事物,是经济学家不能任意进行选择或改变的,因而经济学是无能为力的;而其余的除制度外的因素,最终都会受到制度改变的影响。另外,技术变革或技术发明出现后,能否对经济增长产生影响或影响的程度如何,最终也是由制度决定的。一项发明或革新产生后可以被束之高阁,甚至可以被滥用,没有良好的制度,根本不能转化为现实的生产力以促进经济增长。由此可见,在影响技术变迁或经济增长的因素中,经济学家最终能够选择或改变的主要是制度。

新制度经济学在将制度因素内生化于经济增长模型的前提下,考察了制度创新对经济增长的影响,认为技术进步、投资增加、专业化和分工等并不是经济增长的原因,而是经济增长本身。经济增长的原因只能从引起这些现象的制度因素中寻找。新制度经济学提出的制度创新推动模式见图4-3。

图 4-3　制度创新推动模式图

尽管新制度经济学提出了制度创新因素比技术创新因素更重要的二因素观点,即经济增长的直接推动力的观点和技术创新是经济增长本身的观点,但并没有具体阐述二因素对经济增长影响的具体环节和方向,并且将技术创新作为经济增长本身的观点也失之偏颇。

4.2.4　对各种经济增长决定模式的评价

经济增长理论的发展对经济增长的决定因素是什么这一问题用不同的理论模型提供了不同的答案(图4-4)。资本和劳动力决定论由于当今时代发展的现实情况及其存在的理论缺陷,已受到大多数学者的质疑。而技术决定论强调以技术为代表的生产要素对经济增长的决定作用,认为经济增长的核心因素是技术创新,不涉及制度因素;制度变迁理论虽然也承认技术进步对经济增长有促进作用,但认为经济增长的核心因素是制度变迁(鲁志国,2002)。本书认为,技术决定论和制度决定论都有一定的合理性,但都不够全面和完整。

图 4-4　经济增长决定因素理论的演变

合理性表现在经济增长理论的发展揭示了这样一个规律:一个国家长期经济增长的决定因素或源泉是知识、人力资本积累和制度这样一些内生因素,而不是资源数量和人口数量这样一些外生因素。也就是说,长期经济增长率的大部分不是来自劳动力和物质资本数量的增加,而是来自知识、人力资本积累水平的提高以及有效率的制度(沈坤荣,1998)。这对研究广东的经济增长现实、解释广东的经济增长源泉富有启发意义。

不完整性表现在:①分别从技术和制度两个方面进行了论述,也就是分别从不同角度分析了经济发展的决定因素,而没有分析技术对制度的作用以及两者是如何共同作用于经济发展的。②应将技术创新改为知识创新。技术创新和知识创新是创新的两种表现形式,它们既有相关性,又有本质差别。知识创新包括科学知识创新和技术知识创新。20世纪70年代以来,知识革命(信息革命)蓬勃发展,工业经济占国民经济的比重持续下降,高技术产业和知识产业比重持续上升,人类社会从工业社会迈向知识社会。研究关心的重点从技术创新向知识创新的转移(新知识应用——新知识生产和应用并举——新知识生产)符合文明发展的逻辑,并且仅仅靠技术创新不一定能带来经济的发展。如日本进入20世纪90年代以后,单纯以"技术创新"立国的发展模式的弊病日益显露。"二战"后,因为欧美有现成的科技成果可供日本引进、消化、吸收,这是一条少投入、高产出的捷径,因此日本很少自己花大量的人力、物力、财力进行科学技术的创造。到了日本差不多吸收了全部的欧美技术,没有了技术来源的时候,日本创造力弱的弊端就表现出来了。由于知识创新能力薄弱,日本的技术创新成了无源之水、无本之木,科学技术的国际竞争力显著下降,在多数科技领域落后于欧洲与美国。而且随着科技竞争实力的下降,经济发展速度也逐渐减慢。由此可见,推动经济增长的应该为知识创新而不仅仅是技术创新。

通过对经济增长理论的分析可以得出,仅有资本积累保证不了经济长期增长,科学知识和技术知识的进步具有巨大的收益递增特点,能克服资本和劳动要素的边际收益递减的弱点,进而确保经济的长期增长。也就是说,资本是经济增长的基本条件,而具有特殊知识和专业学识的人力资本则提供了经济系统自我发展的内在动力,它通过知识创新而发生作用。因此,知识创新是决定经济长期增长的最直接的动力。与此同时,技术、教育、资本等因素的相关制度提供了一个特定的框架,规定了人们的选择集合,构成了人们的行为制约,决定了一个社会的机会,从而影响经济绩效。有效的制度安排通过恰当的激励机制,激发了人的潜能,促进资源的最佳配置和使用,从而推动经济增长(徐明华,1996)。因此,我们需要一个更大的分析框架,它至少包括知识与制度两方面。知识和制度的创新及其相互作用是现代经济发展的根本保证,两者不可偏废。据此,本书提出了经济增长的知识创新、制度创新互动增进的杠杆模式。

4.3　知识创新和制度创新互动增进杠杆模式的提出

4.3.1　从技术创新到知识创新

关于技术创新,不同学者从不同的角度对其下了定义。曼斯菲尔德(Mansfield)区别了技术发明与技术创新,认为一项发明,当它被首次应用时,可以称之为技术创新。傅家骥(1998)强调技术创新的商业行为,认为"技术创新就是技术变为商品并在市场上销售得以实现其价值,从而获得经济效益的过程和行为"。经济合作与发展组织(OECD)认为,"技术创新包括新产品和新工艺,以及产品和工艺的显著的技术变化。如果在市场上实现了创新(产品创新),或者在生产工艺中应用了创新(工艺创新),那么就说创新完成了"(国家统计局科技统计司,1993)。张凤、何传启(1999)认为:"技术创新是一个从新产品或新工艺设想的产生,经过研究、开发、工程化、商业化生产,到市场应用的完整过程的一系列活动的总和。"总的来说,技术创新是技术发明的首次商业化,包括产品创新和工艺创新,创新过程中的 R&D 活动是围绕产品或工艺创新开展的,不包括科学研究。

知识是一个广泛的概念,按内容特征可分为:①科学知识,即社会的发展规律和基本原理的知识,主要来源于通过研究获得的科学发现等(包括自然科学领域和社会科学领域);②技术知识,如技术发明、技术诀窍等,是指通过应用科学知识创造的实用知识,或通过生产实践积累的经验知识;③其他知识。一般而言,科学知识通过科学发现而获得,技术知识通过发明、创造、实践而获得。知识创新是指通过科学研究获得新的基础科学知识和技术科学知识的过程。知识创新包括科学知识创新和技术知识创新,目的是追求新发现、探索新规律、创立新学说和积累新知识,它是技术创新的基础,是新技术和新发明的源泉,是促进科学技术进步和经济增长的革命性力量。知识创新有三种形式:一是通过 R&D 活动进行的知识创新;二是除了 R&D 活动外,在知识的生产、传播、交换和应用过程中进行的知识创新;三是有助于获取社会效益和经济效益的新知识的首次扩散与应用。

区别知识创新与技术创新,可以从创新的线性模型入手(图 4-5)。

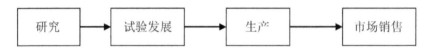

图 4-5　创新的线性模型

技术创新的实质是在世界上首次引入一种新产品或新工艺。在创新的线性模型中,技术创新主要包括试验发展的一部分(利用实践经验进行系统工作,开发新材料、新产品、新设备、新工艺、新系统、新服务等及其持续改进)、新产品生产和新产品的市场销售。而在创新的线性模型中,知识创新包括研究和试验发展的全部。由此可见,知识创新与技术创新最大的区别表现在研究层次上,知识创新包括研究与发展的环节(R&D 活动),而技术创新没有。而随着经济的发展、技术水平的提高,R&D 活动的重要性不断上升,成为技术创新的基础与保证。因此,经济发展仅靠技术创新是不够的(日本的例子很好地证明了这一点),同时还需要大力推进 R&D 活动,即要实现从技术创新到知识创新的转变。知识创新将取代技术创新而成为经济增长的主要源泉和动力,成为经济增长的决定性因素之一。

发达国家的实践也证明了 20 世纪 90 年代以来经济的发展从依赖技术创新向依赖知识创新的转变。主要表现在:①各国都非常重视知识创新而不仅仅是技术创新,加大对 R&D 的投入力度(表 4-2)。②企业开始重视技术创新和知识创新并举。越来越多的企业发现,要在国际竞争中赢得主动,仅有技术创新是不够的,必须进行知识创新。许多企业增加 R&D 投入,向知识创新型公司转型,企业成为 R&D 活动的主体。在 20 世纪 80—90 年代,发达国家的企业提供的 R&D 经费占全国 R&D 经费的比例超过 50%,企业 R&D 经费支出占全国 R&D 经费的比例达到 60%～70%,企业 R&D 人员投入占全国 R&D 人员投入的比例达到 45%～80%(表4-3)。企业不仅是技术创新的主体,而且是 R&D 活动的主体。③高技术企业发展迅速。高技术企业是知识创新、传播和应用一体化的企业。根据 OECD 的定义,企业 R&D 经费投入占企业产值的比例超过 10% 的企业,才是高技术企业。2000 年,发达国家高技术企业产值占 GDP 的比例为2%～6%。

表 4-2　1995—1998 年典型国家 R&D 经费增长情况(现价)

国家	年平均增长率(%)	R&D/GDP(%)
中国	14.2	0.69(1998)
美国	7.5	2.79(1998)
日本	1.3	2.92(1997)
英国	1.7	1.87(1997)
法国	0.7	2.23(1997)
德国	3.2	2.33(1998)
加拿大	3.7	2.33(1998)
韩国	13.6	1.60(1998)
新加坡	23.8	1.47(1997)
俄罗斯联邦	41.9	0.94(1997)

注:1.中国、美国、德国、加拿大为 1995—1998 年的平均增长率,其他国家为 1995—1997 年的平均增长率。

2.括号中的数字为年份。

数据来源:OECD《主要科学技术指标 1999》

表 4-3　美国等 5 个国家 R&D 活动的分布

国家	年份	R&D 经费占比/%				年份	R&D 人员占比/%			
		企业	政府	大学	其他		企业	政府	大学	其他
美国	1995	71.1	10.0	15.4	3.5	1993	79.4	6.2	13.3	1.1
英国	1994	65.2	13.8	17.5	3.5	1993	58.8	11.8	23.7	6.4
德国	1995	66.1	15.0	18.9	—	1993	61.8	15.0	23.2	—
法国	1994	61.6	21.1	15.9	1.4	1993	52.3	21.6	23.8	2.3
加拿大	1995	59.1	15.4	24.3	1.2	1991	47.3	16.4	34.7	1.6

数据来源:国家统计局、国家科委《中国科技统计年鉴 1996》;国家科委国际科技合作司等《世界科学技术发展年度述评 1996》

由此可见,知识创新在商品和服务生产中的作用进一步增强,其对区域经济增长的重要性明显提高。一般认为,未来经济增长的主要决定因素将是区域对新知识的获取、采用及改进的能力。知识创新对经济增长的作用,主要表现在以下方面:①从经济增长的投入要素来看,投入要素包括劳动力要素、资本要素和技术要素。依靠知识创新,大力发展教育事业和开发企业人力资源,可以提高劳动力投入的质量和水平,这是知识创新促进经济增长的基础性因素。而依靠知识创新,可以在生产和管理中提高资金投入的效益,这是知识创新促进经济增长的增效性因素。知识的创新同时包含了技术的创新,可以提高技术投入的质和量,是知识创新促进经济增长的决定性因素。②从经济增长过程中的基本环节及其相互联系来看,依靠知识创新可以提高社会产品的数量与质量,这是加速经济增长的基础性环节。依靠知识创新合理和适度地处理好国民收入分配中的消费与积累的比例和当前利益与长远利益的关系,健全和完善商品交易与信息沟通等市场体系,转变和引导人们的消费观念并使之做到理性消费,协调生产、分配、交换和消费的动态关系,使之保持循环互促的良性运行,这是保证经济稳步增长的重要条件。③从产业发展的角度来看,知识创新是产业部门创新并使之趋于高级化的基点或生长点,而产业部门创新则是形成主导产业、促成产业结构变更与升级、实现产业结构效益和经济增长方式不断趋于高级化的前提和必由之路(王书林、王树恩、陈士俊,1998)。总之,知识

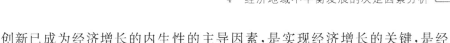

创新已成为经济增长的内生性的主导因素,是实现经济增长的关键,是经济长期增长的决定因素之一。

4.3.2 制度创新

制度是指人与人之间关系的某种契约形式,制度是社会游戏的规则,是人们创造的用以限定人们相互交流行为的框架,制度限定和确定了人们的选择集合(诺斯,1994)。制度由以下因素构成:非正规制约、正规制约和实施机制。非正规制约是指来源于社会所流传下来的信息和部分文化遗产中具有渗透力和连续性的用以维系人们之间相互关系的非正式的规则;正规制约是指包括政治(司法)规则、经济规则和合约在内的正式的规则;而实施机制则指为合作者提供信息,监视对合约的偏离,从而保证规则和合约实现的一套方式。

制度创新表现为经济发展过程中合理的制度变迁。制度变迁是制度形成、变更及随着时间变化而被打破的方式。制度变迁可以被理解为一种效益更高、交易费用更低的制度对另一种效益较低、交易费用较高的制度的替代过程(邱成利,2001)。新制度经济学运用主流经济学的理论去分析制度的构成和运行,并发现制度变迁和制度安排对经济增长的决定作用。一方面,新制度经济学的研究表明,以国别的增长与发展史作为考察对象的经济增长过程与制度的推力有着重要的关系;同时也认为,世界各国经济增长的差异源自各个国家有效制度安排的差异。由此可以看出,有效制度安排和制度调整是经济增长的重要基础,这主要基于制度对经济增长所形成的"制度的推力"。另一方面,从制度变迁的角度看,在一个动态的经济系统中,现存的制度环境与制度安排决定交易机会与成本—收益结构,从而决定了经济增长的收入流及速度。当外在性的变化或相对价格的变化进入经济系统,则改变了现存的经济条件及成本—收益结构,经济环境中就会出现一些新的潜在的收入流。在现存的制度安排之下,这些潜在的收入流不可能实现。只有进行制度创新,创立新的制度安排,在新的制度结构之下,才有可能实现潜在的利润,实现经济增长。斯卡利(G. Sucully)比较研究了 115 个国家 1960—1980 年的经济增长率以检验经济增长与制度因素之间可能存在的相关性,结果表明:制度框架对经济增长率和经济效率有着重大影响,有效制度框架下的经济增长率要比低效制度框架下的经济增长率高 2 倍,在经济效率上高 1.5 倍(周振华,1996)。林毅夫(1992)关于中国农业的研究也很好地演示了从生产队到家庭承包制的制度变迁对产出和生产率增长做出的贡献。我们可以看出,制度创新与经济增长之间具有内在一致性,制度创新通过提供有效的激励和约束而成为影响经济增长的决定因素之一。

4.3.3　知识创新与制度创新的互动增进

在许多情形下,知识创新的速度往往快于制度创新的速度。换句话说,知识创新对经济增长的贡献易于在短期内被人们所观察到,而制度创新对经济增长的贡献可能表现得不甚明显。这可能是许多经济学家忽略制度创新对经济增长重要作用的原因之一。可是,在某些国家特定的历史时期中,由于制度的急剧变动导致了经济的迅速增长,这又可能使得经济学家过分强调制度创新对经济增长的重要性。事实上,制度创新与知识创新两者之间的关系可能正如拉坦(1978)等人所认为的那样,是相互交织和相互促进的,人们根本无法将两者机械地割裂开来,更不能武断地宣称某一个因素是经济增长的真正动因(潘士远、史晋川,2002)。它们之间是互动增进的关系,共同决定着经济的长期增长。

4.3.3.1　制度创新是促进知识创新的基础条件

有效的制度和制度变迁促进知识创新,无效的制度限制知识创新。制度变量凭借其具有的降低交易成本、为经济提供服务、为合作创造条件、提供激励机制、外部利益内部化等功能而推动知识创新。制度创新在知识创新的形成和扩散中起着重要作用,因为促进知识创新的新知识产生是制度发展的结果。知识创新需要制度投资、制度保障、制度激励和制度诱导,主要表现在:①对知识技术水平的影响。在决定知识技术水平的主要因素中,人的后天的锻炼与教育、导致个人或组织效率发生改变的利益动机这两项因素间接地受到制度因素的作用。如教育制度影响到科技人员的素质,对专利权保护的制度影响到个人的利益动机。②对知识供给的影响。

良好的知识投入制度、科研基金制度及相关体制,能使科学家的研究目标与政府目标一致,保证知识有效供给。劳动力的质量取决于一个国家的教育水平与教育制度。舒尔茨(Thodore W. Schults)的人力资本理论就认为:制度是使人的经济价值不断提高的根本原因。与此同时,制度的合理与否,直接影响到劳动力发挥作用的程度,这是由人力资本特殊的产权特性所决定的。人力资本天然地是属于个人的私产,如果对人力资本的激励不够,个人可以将自己的知识和能力封闭起来,从而不发挥其应有的作用。不同的产权制度和企业的组织制度直接影响到人力资本的激励程度。所以,制度是最终决定人力资本发挥作用大小的因素(马健、邵赟,1999)。③对知识技术利用的影响。一定的知识技术能否被利用以及被利用的程度如何,最终受到制度创新因素的影响。例如,一项发明产生以后,没有良好的制度保护,就可能会被人们束之高阁,甚至会被滥用,根本不能转化为现实生产力以促进经济增长。科技成果由于具有很大的外部性,其推广应用率高低取决于制度安排。制度创新为技术推广应用提供了适宜的制度环境,包括:健全的技术推广体系,推广人员的物质、精神激励措施,提高技术推广人员素质的后续教育,合理的利益分配机制,规避技术风险的机制,等等。这样可降低推广应用成本,提高推广应用的速度与成效。总之,知识创新离不开有效的产权制度,只有通过建立一个能持续激励人们创新的产权制度,人们才有动力持续进行知识创新。不仅经济理论,而且经济发展史也证明制度因素对知识创新是至关重要的(朱锡平,2000)。

4.3.3.2 知识创新促进制度创新的产生与发挥作用

知识创新对制度创新的作用体现在三方面:①知识创新促进相应制度创新的产生。一般地说,由知识创新引起的经济不均衡是制度变革的主要源泉。克服产生于要素禀赋、产品需求和技术变革的不均衡而使预期潜在的利益得以实现,是对制度创新的一个强有力的诱导。知识的进步将引起社会生产的积聚,使人口集中于大城市及工业中心,从而提供了一系列新的投资盈利机会,结果是有力地促进制度创新以取得预期的经济收益,增加了对制度创新的需求。②由知识创新带来的收益分配方式变化是产生制度创新需求的一个重要原因。知识创新会带来收益,为了调动个人对其资源进行重新配置的积极性,以及为了再确定产权以实现收益的分割带来组织和集体行动的积极性,相应的产权制度变迁成为必然选择。③一定制度条件下的知识创新效应会使该制度安排富有成效。知识和技术不仅确立了制度创新的上限,而且进一步的制度创新需要知识、技术的增长。缺乏技术进步内涵的制度安排,即使可调动经营主体积极性,也会因技术进步停滞及技术水平低下而难以维持持久生命力。知识创新能改变特定制度安排的相对效率,使某些制度安排不再起作用,或使原来不起作用的某些制度安排起作用。知识创新的这种作用是通过对生产和交易费用的作用而实现的。知识创新不仅能增加制度创新的潜在利润,而且可降低某些制度安排的操作成本。如电报、电话、计算机、通信工具等技术进步,使搜寻、传递信息的成本大为降低,同时降低了建立在个人参与基础上的制度安排的组织成本,进而使一系列旨在改进市场和促进货物在市场上流通的制度创新有利可图(匡远配、曾福生,2001)。

4.3.4　知识创新与制度创新决定经济发展的杠杆模式

通过上述对知识创新与制度创新互动关系的分析,可以得到如下结论:知识创新与制度创新之间实际上是相互作用、循环累积的关系。它们在经济地域发展中相互联系、相互影响和相互促进,共同决定着经济地域的持续发展(图 4-6)。

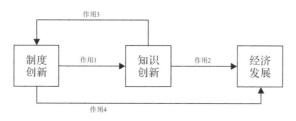

图 4-6　知识创新、制度创新对经济发展的作用图

为了提高技术和知识水平,从而促进经济发展,需要实行制度创新。当建立了一种新的制度以后,在初期,制度框架适应知识创新的特性与要求,使其加速发展,知识技术水平不断提高(作用 1),从而使知识创新的影响力不断增强,带来生产率的提高和经济的发展(作用 2)。而同一轨迹上制度创新的边际效益是先递增后递减的,也就是说,一个重大的制度变革

发生后,多投入一单位变迁成本带来的制度效益的变化,是从一个较低的水平上升,达到最高点以后再持续下降,呈倒 U 形(黄少安,2000)。这一规律使得原有的制度框架在适应和支持知识创新进一步发展的需要上发挥的影响力越来越小,即作用 1 的力量不断减弱。当制度的影响力为零时,知识技术水平达到最高点,此后,如果这种已带来负面作用的制度仍然保持下去,会使知识技术水平下降。这种情况累积到一定程度,相对静态的制度规则会变得不适应乃至必须更新。这时知识的进一步发展会诱导制度的创新,表现出知识创新对制度创新的反作用(作用 3)。这种反作用主要是通过宏观上的累积而实现的,而正是知识对既有制度的累积性反作用,促成了制度的变革。新的更适应生产力状况的制度特性,会使知识和技术再次获得极大发展,而知识的发展也为制度创新作用的发挥起到了促进作用。新的制度建立以后,又开始在一个更高水平层次上循环(华锦阳、许庆瑞、金雪军,2002)。这时知识在一个更高的起点进行创新活动,导致经济发展达到更高的水平。如此循环下去。

当然,在短期内,生产要素来不及调整,知识创新没有发生,通过制度变迁可以寻找出良性的路径依赖来不断降低交易成本,从而提高经济绩效,实现经济增长(鲁志国,2002)。在这一阶段,经济增长可以依靠制度变迁来实现(作用 4)。而对于长期经济发展来说,知识发展所导致的生产力的提高对社会发展和经济增长的作用更为直接;制度因素则是通过作用于知识因素而间接作用于社会经济发展的。由此,我们可以构建在知识创新与制度创新互动增进作用下的经济地域发展的杠杆模式,这一模式以制度创新为支点,通过知识创新推动经济发展(图 4-7)。

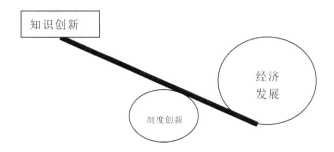

图 4-7　经济地域发展的杠杆模式

4.4 广东省经济增长模型及其决定因素分析

4.4.1 计量模型

理论上,经济增长是指一个经济中生产能力的提高。在经验研究中,它一般指在一个经济中所生产的总的或人均的物质产品和劳务在一个相当长的时间内的持续增长(舒元、王曦,2002)。

根据图4-8,我们确定影响广东省经济增长的因素为:①劳动力因素;②资本因素,是投资于有形资产所形成的物力资本;③知识因素,包括投资于正规教育及非正规教育(如在职培训及实践学习等)所形成的人力资本和投资于 R&D 所形成的知识资本;④制度因素,反映在经济转型过程中制度创新的程度。构建经济增长模型首先要构建出一套经济转型指标,这些指标反映广东省长期经济增长的决定因素。根据经济增长影响因素,结合广东经济的具体情况,我们提出广东经济增长的主要因素分析框架及相应指标(图4-9)。

由图4-9,可以建立广东省经济增长计量模型:

生产函数为:$Y = F(L, K, H, R, I)$ 式(4-3)

对数形式为:$\ln Y = a_0 + a_1 \ln L + a_2 \ln K + a_3 \ln H + a_4 \ln R + a_5 \ln I$

式(4-4)

其中,Y 表示国内生产总值增长率,L 表示劳动力,K 表示物力资本,H 表示人力资本,R 表示知识资本,I 表示制度因素。

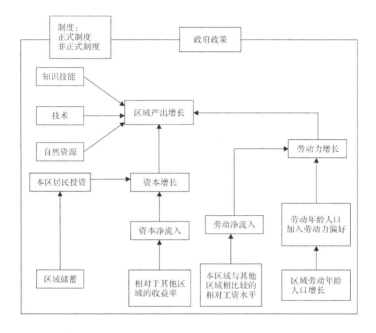

图 4-8　区域要素流动与区域经济增长的关系

资料来源:冯兴元,2002.欧盟与德国:解决区域不平衡问题的方法和思路.北京:中国劳动社会保障出版社:10.

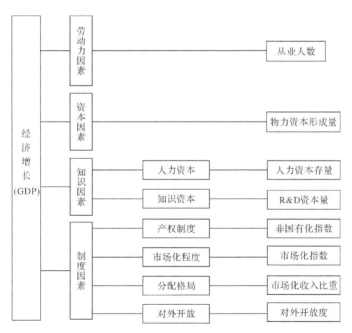

图 4-9　广东省经济增长主要因素分析框架及指标图

4.4.2　指标体系

4.4.2.1　反映制度因素的指标

为了分析制度创新对经济增长的作用程度,本模型将制度作为解释变量引入生产函数中进行增长的因素分析。具体到广东的制度创新,对外开放使得广东参与到世界经济的分工与合作中来,从而获得了比开放前更先进的技术、制度以及更丰富的资源,这当然非常有利于广东的经济增长。同时,参与国际分工与合作对经济增长的贡献,还表现为分工和专业化带来了经济效率的提高,而且分工与专业化本身具有自我繁殖的能力,它又将带来新的分工与专业化,从而使经济增长成为一种长期趋势。经济运行的市场化体现在市场在资源配置中的作用越来越大,经济发展对市场机制的依赖程度不断增强。而市场化的改革使得资源配置的主体和机制都发生了转变。非国有经济成分的增加,使一部分产权明晰化,让部分经济成分在一定程度上成为真正的产权;同时,非国有经济的发展,打破了国有经济的垄断,有利于竞争机制发挥作用。总之,产权制度多元化既有助于全社会经济效率的提高,又为现代企业制度的建立提供了良好的外部环境。利益分配格局的改变从根本上解决了从事经济活动的动力问题,使经济增长建立在合乎人类理性的基础之上,这样就为产权制度提供了保障,为激励机制提供了基础(傅晓霞、吴利学,2002)。由此可以得出,经济制度的变迁主要表现在产权制度变迁、市场化程度提高、分配格局变化和对外开放程度扩大四个方面。对这个四个方面,我们分别选择不同的指标加以度量。

产权制度变迁主要表现为经济成分的非国有化,而经济成分的非国有化改革集中体现在工业领域,因此可以用非国有化率(FGYH)表示,其公式为:FGYH=非国有工业总产值(或增加值)/全部工业总产值(或增加值)。市场化程度用投资的市场化指数(SCH)表示,即用全社会固定资产投资中"利用外资、自筹投资和其他投资"三项投资的比重来表示。这部分投资不同于国家预算内投资和国内贷款投资,其基本由市场导向决定,因此可以大致反映地区市场化作用的强度(王文博、陈昌兵、徐海燕,2002)。用市场化收入比重(FCZSR)反映经济利益分配市场化份额的大小,其公式为:FCZSR=(当年GDP-国家财政收入)/当年GDP。用国际贸易、国际投资两方面内容来反映对外开放度(DWKF),其公式为:DWKF=(进出口总值/GDP)×0.5+(实际利用外资/GDP)×0.5。根据上述影响制度变迁的各变量、指标,可以测算出广东1978—2000年各经济制度变量值(表4-4)。

表 4-4　1978—2000 年广东经济制度变量及制度因素主成分得分值

单位:%

年份	非国有化率(FGYH)	市场化指数(SCH)	市场化收入比重(FCZSR)	对外开放度(DWKF)	制度因素主成分得分(I)
1978	36.2	47.0	78.8	4.3	43.88
1979	35.6	50.0	83.6	4.6	45.91
1980	40.9	61.0	85.5	5.3	50.85
1981	41.5	73.8	86.4	5.6	54.77
1982	43.0	73.2	88.1	4.9	55.29
1983	42.7	71.3	88.5	5.0	54.84
1984	44.6	71.2	90.2	4.6	55.61
1985	44.2	73.5	88.7	5.3	55.89
1986	47.1	75.2	88.0	5.9	57.04
1987	51.4	79.0	89.0	13.1	60.93
1988	54.9	76.8	90.7	14.5	61.91
1989	56.6	80.8	90.1	13.7	63.10
1990	59.8	79.2	91.6	14.1	63.94
1991	61.4	76.4	90.6	14.6	63.42
1992	65.4	78.3	90.9	14.4	64.95
1993	72.4	79.0	89.9	12.8	66.25
1994	78.5	83.9	93.4	12.0	69.84

续表

年份	非国有化率 （FGYH）	市场化指数 （SCH）	市场化收入比重 （FCZSR）	对外开放度 （DWKF）	制度因素主成分 得分（I）
1995	82.4	83.9	93.3	10.1	70.39
1996	85.3	84.8	92.6	9.5	71.02
1997	87.3	86.7	92.6	9.9	72.08
1998	89.5	83.7	91.9	9.1	71.45
1999	90.7	80.3	90.9	9.1	70.57
2000	90.9	81.1	90.6	9.6	70.84

资料来源：根据 1978—2000 年《广东统计年鉴》、《广东五十年》相关数据计算而得

对非国有化率、市场化指数、市场化收入比重、对外开放度进行主成分分析，特征值大于 1 的只有第一主成分，选用第一主成分，其特征值为 3.085。主成分方差占总方差的 77.121%，说明主成分代表原来非国有化率、市场化指数、市场化收入比重、对外开放度四个因素的 77.121% 的信息。将主成分表达式系数无量纲化，得：

$$I = 0.245\text{FGYH} + 0.271\text{SCH} + 0.271\text{FCZSR} + 0.213\text{DWKF}$$

式(4-5)

根据此公式计算制度因子主成分得分（表 4-4）。其值的大小可以反映制度创新程度的高低。

4.4.2.2 反映其他因素的指标

从业人数反映参与国民生产活动的人数，可用来表示劳动力对国民经济增长的作用，具体数据见表 4-5。

物力资本指在国民经济活动过程中实际发挥作用的资本量。用资本形成总额来反映实际参加的资本量，具体数据见表 4-5。

表 4-5 1978—2000 年广东劳动力、人力资本、知识资本状况及制度因素主成分得分值

年份	从业人数 （万人） L	资本形成总额 （亿元） K	人力资本存量 （万人·年） H	R&D 资本 （亿元） R	制度因素 主成分得分 I
1978	2275.95	54.79	20003.39	2.60	43.88
1979	2304.95	53.89	21121.58	2.90	45.91
1980	2367.78	63.63	22352.97	2.80	50.85
1981	2423.79	90.03	23656.15	2.83	54.77
1982	2521.38	108.30	24874.44	2.95	55.29
1983	2569.70	110.25	26140.55	3.07	54.84
1984	2637.49	142.52	27384.84	3.29	55.61
1985	2731.11	214.97	28592.51	3.59	55.89
1986	2811.92	234.43	29896.33	3.85	57.04
1987	2910.99	287.70	31265.58	4.08	60.93
1988	2994.72	406.20	32669.40	4.47	61.91
1989	3041.27	477.01	34126.46	5.62	63.10
1990	3118.10	511.35	35153.67	6.35	63.94
1991	3259.20	601.05	35997.36	8.36	63.42
1992	3367.21	948.19	36785.70	10.75	64.95
1993	3433.91	1548.93	37514.06	16.04	66.25
1994	3493.15	1981.07	38238.08	18.56	69.84
1995	3551.20	2381.31	39204.97	20.40	70.39
1996	3641.30	2718.45	41399.33	21.44	71.02
1997	3701.90	2736.73	42783.75	28.11	72.08
1998	3783.97	3051.96	44117.03	30.18	71.45
1999	3796.32	3252.19	45982.94	33.20	70.57
2000	4700.40	3487.86	48440.57	36.30	70.84

资料来源：根据《广东统计年鉴》《中国科技统计年鉴》《广东科技年鉴》相关年份的数据以及《广东五十年》《中国科学技术四十年（统计资料）：1949—1989》相关数据计算而得

人力资本用人力资本存量来表示,参照我国第五次人口普查资料(2000 年)有关受教育程度的分类,将教育层次定义为以下 7 级,且假设同级教育中成人教育与普通教育和自学考试取得的学历是同质的。①H_1:文盲半文盲人口,是文盲人口、扫盲班人口及小学辍学人口的合计。其平均受教育年限确定为 1 年。②H_2:小学文化程度,包括普通小学、成人小学教育。虽然现行小学学制为 6 年,但目前社会上受小学教育人口的平均受教育年限为 5 年。因此,其平均受教育年限确定为 5 年。③H_3:初中文化程度,包括普通初中、职业初中、初中级技工学校、工读学校、成人初中教育。其平均受教育年限为 8 年。④H_4:高中文化程度,包括普通高中、中等专业技术学校、职业高中教育以及高中技工教育、成人中等技术教育、成人高中教育。其平均受教育年限为 11 年。⑤H_5:大学专科文化程度,包括普通大学专科、成人专科教育以及自考专科。其平均受教育年限为 14 年。⑥H_6:本科文化程度,包括普通大学本科、成人本科教育以及自学考试获得本科毕业证。其平均受教育年限为 15 年。⑦H_7:研究生文化程度。由于原始数据中没有将研究生教育层次进一步细分,因此忽略硕士和博士的受教育年限的差异,对研究生学历采用统一标准,其平均受教育年限为 18 年。

人力资本存量 $H = 1 \times H_1 + 5 \times H_2 + 8 \times H_3 + 11 \times H_4 + 14 \times H_5 + 15 \times H_6 + 18 \times H_7$ 式(4-6)

根据公式 4-6 可求出 2000 年和 1990 年的人力资本存量,其余年份的数据参考王金营(2001)的计算方法进行估算,具体数据见表 4-5。

知识资本是为增加知识总量,以及运用这些知识进行系统的、创造性的工作所投入的资本量,一般用 R&D 资本表示。R&D 资本的测量采用 R&D 机构经费支出总额来计算,具体数据见表 4-5。

经济增长用 GDP 增长率表示,以 1978 年 GDP 为 100 计算各年的定基增长率,具体数据见表 4-6。

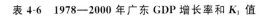

表 4-6　1978—2000 年广东 GDP 增长率和 K_1 值

年份	GDP 增长率/%（Y）	lnY	K_1
1978	100.00	4.605	5.300
1979	112.64	4.724	5.341
1980	134.33	4.900	5.405
1981	156.23	5.051	5.508
1982	182.90	5.209	5.574
1983	198.41	5.290	5.597
1984	246.83	5.509	5.680
1985	310.67	5.739	5.798
1986	359.18	5.884	5.848
1987	455.58	6.122	5.930
1988	621.67	6.432	6.036
1989	743.28	6.611	6.129
1990	838.86	6.732	6.181
1991	1018.72	6.926	6.280
1992	1316.94	7.183	6.438
1993	1846.58	7.521	6.628
1994	2430.26	7.796	6.724
1995	3085.27	8.034	6.790
1996	3507.74	8.163	6.845
1997	3936.24	8.278	6.912
1998	4261.03	8.357	6.957
1999	4554.38	8.424	6.996
2000	5198.94	8.556	7.082

4.4.3 计量分析与结果

对从业人数(万人)、资本形成总额(亿元)、人力资本存量(万人·年)、R&D资本(亿元)和制度因素五个因素的对数值进行主成分分析。特征值大于1的只有第一主成分,选用第一主成分,其特征值为4.81。主成分方差占总方差的96.20%,说明主成分涵盖原来从业人数(万人)、资本形成总额(亿元)、人力资本存量(万人·年)、R&D资本(亿元)和制度因素五个因素对数值的96.20%的信息。将主成分表达式系数无量纲化,得:

$$K1 = 0.2010\ln L + 0.2029\ln K + 0.2020\ln H + 0.1969\ln R + 0.1972\ln I$$

式(4-7)

根据此公式计算经济发展综合主成分得分$K1$值(表4-6)。

对$\ln Y$与$K1$进行回归分析,得回归方程为:

$$\ln Y = -7.223 + 2.241K1$$

式(4-8)

将方程式4-7代入方程式4-8得:

$$\ln Y = -7.223 + 0.450\ln L + 0.455\ln K + 0.453\ln H + 0.441\ln R + 0.442\ln I$$

式(4-9)

根据表4-5、表4-6和回归方程式4-9可计算出各因素对经济增长的弹性系数,其数值见表4-7。

表4-7 1978—2000年广东经济增长的测算结果

	国内生产总值	劳动力(L)	物力资本(K)	人力资本(H)	知识资本(R)	制度因素(I)
年均增长率/%	17.81	3.15	19.40	4.11	12.91	2.24
弹性系数	—	0.450	0.455	0.453	0.441	0.442

从表4-7可以看出,知识因素(包括人力资本和知识资本)对广东经济增长的影响最显著,其中人力资本和知识资本对国内生产总值增长率的弹性系数分别为0.453和0.441,也就是说人力资本存量的增长每增加1百分点,会带来国内生产总值增长率增加0.453百分点。知识资本的增长每增加1百分点,会带来国内生产总值增长率增加0.441百分点。可见,知

识因素是经济增长的决定因素之一,它的创新(增长)会带来国内生产总值极大程度的增长。

从表4-7可以看出,制度因素对广东经济增长的影响是显著的,制度因素主成分得分每增加1百分点,国内生产总值增长率会增加0.442百分点,这是制度因素对国内生产总值的直接影响。另外,制度因素会影响知识因素的增长,从而间接带来国内生产总值的增长,因此制度因素对经济增长的作用是十分显著的。从表4-4可以看出,非国有化、市场化、对外开放这三个方面有较大的制度创新空间,所以未来一段时间内,它们是广东经济增长重要的动力来源。

劳动力、物力资本对经济增长的弹性系数分别为0.450、0.455,说明劳动力和物力资本对广东经济增长的作用仍然显著,但它们的发展空间在慢慢变小。因为近年来,它们的增长率在逐渐降低。

通过以上分析,我们可以得出:知识因素和制度因素对广东经济增长的影响是十分重要的,它们的创新对广东经济的发展有决定性作用。这也证明了前面提出的知识创新与制度创新决定经济地域发展的杠杆模式。

珠江三角洲与外围地区
知识创新的比较

本章将从理论和实证分析的角度论述知识创新在经济发展中的重要作用;从拥有知识的质与量、运用知识的能力以及创新能力三个方面构建衡量知识创新水平的指标体系;计算各经济地域知识创新综合指数,说明经济地域知识创新发展水平差异的特点;分析产生知识创新差距的主要原因。

5.1 知识创新的多重驱动力与发展阶段

5.1.1 知识创新的驱动力框架

人类社会发展史的本质是知识发展史。人类社会的制度、组织、文化、经济、工具等无不是围绕知识这一核心主轴的演进而延伸、发展的。知识既是经济发展的结果,又是经济发展最活跃的作用因素。在知识创新和制度创新的互动增进作用下,人类社会通过对知识的多功能利用和不断的创新拓展生存空间,提高生活水平,并将自然生态环境转换为人文环境和人工系统。在这一过程中,形成了知识创新与经济发展极其复杂的网络反馈关系。其中,最基本的作用关系有两种:一方面,人们利用知识创新积极适应、主动改造环境,不断克服限制性因素,创造更多的物质财富;另一方面,经济的发展必然为知识创新创造更好的条件。

经济地域知识创新的发展既源于区域内部因素的相互作用及其产生的持续累积效果,又源于区域外部的变革力量。从系统的观点来看,知识创新系统发展演化是系统内部要素及其与外部环境相互作用的结果。系统内部要素表现在本地知识的培育,包括人力资本积累(教育)、高新技术产业的发展和知识投入的增加。系统外部的激励包括更大尺度(全球或区域尺度)的知识变化对系统的响应。对于某一区域来说,表现在对区外知识的发掘,主要包括吸引外资和技术合作。在本地知识培育和发掘区外知识的过程中,知识交流是知识创新发展的途径,经济发展和制度创新是保障。由此可见,知识创新是诸种内部因素和外部要素组成的多变量系统(图5-1)。知识创新在不同的时间和空间引起的变化是一个复杂的镶嵌,并表现为共同的作用因素(人力资本积累、高新技术产业的发展、社会经济因素、制度创新、外部环境等)彼此关联影响,共同组成知识创新发展演进的多重驱动力。从空间上看,改革开放以来广东各经济地域的知识创新是稳步发展的,知识创新与经济的发展大致是同步协调的。从时间上看,不同经济地域知识创新的发展是不平衡的,它们的相互作用表现为知识创新发展差距的拉大和缩小的交替。

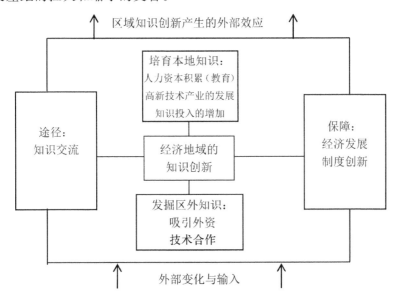

图 5-1　知识创新的驱动力框架图

5.1.2　知识创新的发展阶段

人类的需求处于不断变化之中,从低层次的需求向高层次的需求转变。为了满足人类的需求,知识创新也不断地向高层次、复杂化、网络化的方向发展。在不同的阶段,各因素相互作用的组合方式和相对重要性又有所不同。根据本地知识在区域发展中的作用,可以将区域知识的创新分为四个阶段。

5.1.2.1　发掘区外知识阶段

经济的发展要求知识也得到发展,要求创新能力的提高,而在知识发展的初期阶段,经济发展水平低,知识存量少,并且新知识的生产需要很高的费用,因此通过技术引进发掘和利用区外知识与全球知识是知识创新发展的一条捷径。这时区域可以从知识与技术的国际传播、转移、模仿和应用中,享受国际知识技术总存量的外部性,从而获得后发优势。

引进和使用新知识的途径是多种多样的,如吸引外资、购买新设备、技术贸易、使用业主所有的技术、吸引技术人才等,此外还可以通过复制品、外国公开出版物、与外国居民的非正式联系、本地的教育培训等多种方式获取区外或国外的新知识。其中,最为重要的是人才引进和外商投资。

这一阶段,知识创新发展的模式为模仿创新发展模式。区域通过发掘和利用已有的具有成功经验的创新,模仿其发展过程中的合理成分,直接采用新技术与管理模式。主要是在系统运行机制的建立方面进行深入研究,并结合自身情况进行嫁接或改造,形成自己的系统运行机制。新知识必须经过调整以适应本区或本国情况,并在整个经济中扩散、使用。在整个过程中,政府需要营造吸收和使用新知识的制度环境,包括通过各种公办、民办或合办的高等院校、研究所和其他机构,提供技术信息、生产建议、技术咨询、技术辅导等公共服务,促进新知识更广泛地采用和吸收。

5.1.2.2　本地知识培育阶段

在这个阶段,主要是通过各种正规与非正规的教育、职业培训等活动提高劳动者的知识水平与技术素养,形成知识人力资本基础。包括基础教育、弱势阶层的教育、终身教育、高等教育,并实施科教兴区的战略。现行途径主要有:向整个地区提供基本的教育服务,建立虚拟大学,发展互联网业务,等等。如深圳虚拟大学园的成立,一方面通过网络和各大学连接,另一方面为各院校开辟一个场所,架起院校与社会、企业联系的桥梁,开展知识创新和人才培训。在这一阶段,知识发展的模式为培育模式,区域通过经济的发展,加大教育、科技的投入,培养自己的人才,为下一阶段的知识自主创新做准备。这一阶段,教育制度对于区域知识的培育是至关重要的。

5.1.2.3 本地知识自主创新阶段

这一阶段要建立区域知识创新的自主发展模式。即区域通过自己的探索与努力,建设具有自身特色的区域知识创新系统,并使其产生具有相对领先的区域知识创新功能。具体应包括以下的部分或全部内容:①在技术研究与开发领域具有独创性和超前性;②在技术应用与产品生产和销售等方面具有独特性;③在知识创新管理与服务方面具有独特性;④建立创新机构间独具特色的运行机制;⑤与特殊的区域创新环境建立相互适应的关系,建立具有地域特色和创新竞争力的系统。主要途径有:①大规模的科学研究、R&D计划。在有关部门领导下,通过正式规划、集中控制、分级实施来组织全局性的大型研究计划,是区域知识创新重要的也是最为经典的做法。②在日常的运作中发展和整理新的知识。知识来源于群众之中,区域的知识管理者和战略制定者应该善于发挥基层部门的首创性,善于在区域经济日常运行之中发现和整理新的知识。③内部结构的重组、交流方式的改变和重新发现新知识。④集中于一点的战略。在没有任何知识优势的情况下,专注于某个产业和技术,日积月累,形成独特的地方性优势。⑤创造基于本地特有的区位、自然地理环境和自然资源的地方性知识。⑥挖掘历史沉淀下来的地方性知识。⑦基于地方性的需求进行知识创新研究。

这一阶段,制度的作用十分重要。主要表现在建立和完善产权制度方面(谭崇台,1999)。如:①通过保护专利、版权、商业诀窍、商业秘密的特殊的法律安排,界定和维护知识产权,赋予新知识的所有人排他地使用其知识并从中获利的权利,克服由知识外溢和搭便车等问题造成的知识投资的不足,引导社会将最优数量的投资投入社会所需要的新知识的积累活动中去;②加快产权、股票等市场的发育,促进风险投资业的发展,为高技术产业融通资金、分散风险;③通过资金注入政策、税收减免政策、优惠信贷政策、风险补偿政策等提高风险投资的回报率,把更多的社会资金吸引到高技术产业中来;④以公共融通的资金对竞争产生的项目予以奖励或资助,并对从事科学研究与发明的私人和组织予以补贴,鼓励私人公开他们的研究发现和技术成果;⑤通过各种方式和途径培养具有经营、金融、企业管理、科研、技术等方面知识且具有预测、处理和承受风险能力的人才。

5.1.2.4 知识创新扩散阶段

这一阶段要发挥知识创新产生的外部效应,向外区扩散,与外区实施合作创新的发展模式。通过与其他区域合作,在更大范围内共享和配置科学技术资源,壮大整体对外竞争实力,实现自身的创新发展。主要途径有:①企业间、高等院校间、独立研究与开发机构间的跨区域知识创新合作,如进行联合与兼并,实施共同 R&D 活动,进行人才的交流与培训等;②服务机构的合作,尤其是跨区域信息、金融、人才交流网络的相互对接与联合;③政府机构间的合作,主要指政府在创新管理方面的协调与合作(刘曙光、田丽琴,2001)。在这一阶段,需要制度来保障合作与扩散的顺利进行,包括产权保护制度以及合作制度的建立。

总之,知识创新是驱动经济发展、社会变革和演进的最重要、最活跃的因素。每一次知识创新都增强着区域发展的能力,增强着区域之间日益广泛、复杂的联系。知识创新是区域内部因素和外部因素共同作用的结果,对区域知识创新的评价必须考虑区外知识的输入和区内知识的培育与创新两方面的因素。

5.2 知识创新评价体系的构建

5.2.1 知识创新评价的三维模式

区域知识创新是与人的行为分不开的。人的知识行为决定了区域知识创新的发展。普雷德(Pred,1967)运用行为矩阵来研究人的决策行为,他重视不完全信息和非最佳化行为对区位选择的作用,认为各个决策者位于由信息水平轴和信息利用能力轴构成的行为矩阵上。信息水平轴表示在某种区位决定了的时间条件下,某个行为者拥有信息的质与量;信息利用能力轴表示行为者的各种心理能力和决策能力。在行为矩阵中,越是接近右下方的各行为者采取的行为,就越与最佳化行为相近,一般随着时间的推移,各行为者从左上方向右下方移动。这种移动是由行为者情报获得、经验、革新行为及模仿行为组成的循环和累积过程带来的。这种整体的学习过程有时受到经济环境的变化、运输和生产技术的改善以及政治环境的变化等参数的影响,如果是正向作用,整体向右下方的移动将加快,接近最佳区位。如果是负向作用,整体会向左上方逆向移动,接近于无秩序的区位模型(张文忠,2000)。

由此可见,普雷德认为经济活动区位是从事经济活动的行为主体——人类的决策结果。区位决策是决策者在占有或多或少的信息量的基础上,自身对信息进行判断与加工后作出的决定。那么,进行怎样的区位决策,区位决策是否合理或合理性如何,取决于在决策时的信息占有量以及决策者的信息利用能力(Pred,1967)。也就是说,拥有信息的质与量以及运用信息的能力这两方面是评价人的行为决策水平的关键。

笔者借鉴行为矩阵的模式,将其应用到经济地域知识创新的评价上。对于经济地域来说,可以建立经济地域知识创新水平的矩阵,这一矩阵由拥有知识的水平和运用知识的能力两个因素构成。不同经济地域均可在这一矩阵中表示出来。拥有知识的水平表示在经济地域发展中所拥有知识的质与量;运用知识的能力表示在经济地域发展中运用知识的各种能力。拥有知识的水平反映了知识创新系统中内部知识的培育情况。运用知识的能力可以包括对知识的投入、知识交流能力和对知识的引进。不同知识创新水平的经济地域,其在矩阵中的位置是不同的。越是接近于右下方,其知识创新水平越高,区域发展潜力越大。随着时间的推移,经济地域在正向作用(如知识的增加和利用能力的提高)下,知识创新水平提高,从而在矩阵中的位置从左上向右下移动。

矩阵模式可以很好地反映经济地域知识创新发展的前两个阶段,即处于发掘区外知识阶段和本地知识培育阶段。而随着经济的发展,应用知识进行创新成为经济活动的核心。知识的创新能力成为企业和区域生存发展的必要条件,创新活动逐渐成为企业的日常活动。创新是企业生存和发展的关键以及经济增长的驱动力,创新会带来利润的升高和效益的提高,从而使区域发展的潜力更大。也就是说,经济地域的创新能力成为知识创新发展的重要因素。因此,为了突出创新能力的重要性,我们可以用一个三维模式图来代替二维的矩阵,即加上创新能力这一维度(图 5-2)。从图 5-2 可以看出,处于 G 点的经济地域拥有丰富的知识,运用知识的能力也很强,且具有最强的创新能力,使得这一地域具有最大的发展潜力,其区域发展获得成功的可能性也最大。

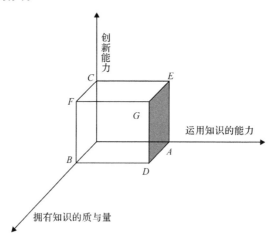

图 5-2　经济地域知识创新评价的三维模式图

由此可见,尽管知识是全人类共同的创造物和财富,但知识创新在地理分布上却存在着强烈的不均衡性。换句话说,不同地区所创造、占有、掌握和运用的知识资源(指知识数量、知识品质等)并不相等,有的地区是知识的主要生产者、创造者和经营者,不仅掌握和垄断着大量先进的科学与技术知识,而且通过其应用转化为物质财富,通过其传播影响甚至控制着其他地区的发展进程。而有的地区则主要是知识的消费者、接受者或学习者,虽然自身也生产一定的知识,但这种知识数量少、品质低,不构成人类知识的主体或主流,居次要地位。显然,前者处于"知识中心带",后者处于"知识外围带"或"知识边缘带",外围知识依附于中心知识,受后者的同化和支配。总之,在拥有知识的水平与知识的运用和创新能力上,不同经济地域之间存在着相当大的差距。知识中心与外围发展不平衡性的形成,缘于多方面因素。有外部因素,如经济的、制度的、历史的和地理的因素等;有内部因素,如知识基础与知识积累程度、思维品质、教育水平、高新技术产业的发展等。这些因素,既是知识创新发展不平衡的原因,又是知识创新发展不平衡的结果。本章就是要分析珠江三角洲与外围地区之间知识创新水平的差距。

5.2.2　知识创新评价的指标体系

目前国际上尚未建立衡量一个国家和一个地区知识创新水平的指标体系,而对于国家或区域知识经济发展的测度,不同学者提出了不同的指标体系(孙敬水、蒋玉珉,1999)。OECD(1997)提出了一套测度知识经济的基本框架:知识投入的测度;知识储备和流通的测度;知识产出的测度;知识网络的测度;知识学习的测度。澳大利亚学者彼得·申汉(P. J. Sheehan)等在对知识经济的测度上除使用R&D密集度测度产业知识产出外,还加上了出口密集度指标。曼塞尔和韦恩(Mansell,Wehn,1998)从信息技术扩散角度给出了判断知识社会的八项指标,它们是:个人电脑指标、电话指标、电子产品生产指标、电子产品消费指标、技术人员指标、识字率、互联网入网率、电视拥有率。此外,我国学者吴季松(1998)给出了用以说明知识经济特征的若干指标:科研的重要性(科研经费占 GDP 比重、科技进步对经济增长的贡献率)、教育的重要性(教育经费占 GDP 的比重、平均文化程度)、高技术产业结构、劳动力结构、人口增长率、城市化水平等。赵国庆和杨健(1998)则从知识投入的度量、知识作为库存资本的度量、知识产出的度量三方面来测度知识经济形态。柳卸林(1998)提出建立知识经济的综合指标和产业指标,前者包括知识的生产、投入、激励、存量、流量等指标,后者包括知识产业发展度、三次产业比重等指标。

由此可见,上述指标体系都是从知识经济的特征入手,针对发展知识经济所需要的一系列硬件设施和软件基础以及社会环境和文化支撑等方面来选取指标。本书将从知识创新系统角度提出测度知识创新水平的若干指标,以便对知识发展形态有更进一步的认识。根据上文提出的经济地域知识创新评价的三维模式图,可以从拥有知识的质与量、运用知识的能力和知识创新能力三方面来构建知识创新水平的评价指标体系。

5.2.2.1 拥有知识的质与量

知识是人类脑力劳动的成果,是人类智慧的结晶。知识以其存在的形式不同,分为显性知识和隐性知识。显性知识是指知识被创造出来后,离开了大脑这个载体,被语言、文字、图形等附载在纸张、光盘、磁带上的知识;隐性知识是指知识被创造出来后,不离开大脑这个载体,储存在人类脑子里的知识。人通过教育等方式不断积累知识,实际上是人力资本投资过程、人力资本的形成过程。当知识在人的脑子里积累到一定程度,人脑对已吸收的知识进行连接、渗透、组合、交融、演化,生产出新的知识,这个过程就是知识的创新(张佳梅,2002)。由此可见,拥有知识的质与量决定于人力资本状况,反映了一个地区可以利用的知识的多少,决定区域能利用多少知识促进发展和利用知识发展的效率。它包括:人力资本存量,即人口已经接受的教育状况(以总人口平均受教育年限衡量);新的人力资本的创造,即人口正在接受教育的情况(以万人口在校学生数来衡量)。平均受教育年限=人力资本存量/人口总数。

5.2.2.2 运用知识的能力

对知识的运用表现在对知识的投入、知识交流能力和对知识的引进三方面。

对知识的投入选取万人口科技活动人员和人均科技活动经费支出两个指标,它反映了一个地区对知识的投入量,也反映了一个地区能在多大程度上利用区内的知识积累。

知识交流能力反映了一个地区传播知识的能力,决定了该地区人口需要信息时是否有获得信息的途径,以及通过这种途径传播知识的效率。通常以三代信息交流工具的使用情况来衡量,第一代为纸质信息传播工具(报纸),第二代为电信交流工具(电话),第三代为网络信息交流工具(互联网)。本书采用人均邮电业务量作为衡量指标来反映对这三代信息交流工具的使用程度。

在全球化的条件下,发掘区外知识至为重要。在发掘区外知识的各种途径当中,吸引外国直接投资(FDI)是一个重要的途径。外国直接投资特别是跨国公司直接投资的意义主要在于其知识与技术的溢出效应。吸引外国直接投资对于知识引进的作用机制在于:首先,外国直接投资特别是国外跨国公司的投资,通常具有较高的知识含量,吸引外国直接投资是一种具有重要作用的知识引进。而且,为了保持企业的竞争力,跨国公司必须不断地注入新技术。其次,外国直接投资在一个有活力的经济中具有较大的外溢效应,能够刺激国内其他企业创造或吸收新的知识。因此,以人均实际利用外资作为衡量知识引进能力的指标。

5.2.2.3 知识创新能力

知识创新能力是一个地区经济发展的核心能力。一个国家或地区要在未来的经济竞争中实现追赶战略或者不被边缘化,就必须发展其知识创新能力。对于落后的地区来说,即使可能在一定时期内要以引进知识为主,也必须将知识创新提到战略性的高度,因为提升知识创新水平不仅是其最终摆脱落后状态的根本途径,也是其有效消化和利用引进知识的重要前提。随着以知识为基础的经济发展的进一步深化,决定一个国家或地区知识创新能力的将是三个新兴的产业:R&D产业、教育产业和信息产业。R&D直接导致知识创新,因此用R&D产业的发展来反映知识创新能力。其中:万人口R&D活动人数与人均R&D活动经费支出反映知识创新的投入,百万人口发表科技论文数和百万人口专利申请数反映产出。根据知识创新同经济联系的紧密程度,把知识创新的产出分为两种类型,即科学研究型知识生产和直接创造财富型知识生产(胡鞍钢、熊义志,2000)。前者指建立在纯学术基础上的科学研究;后者则注重于技术创新,关注科学带来的附加值、利润和效率。我们以发表科技论文数衡量科学研究型知识创新产出能力,以专利申请数衡量直接创造财富型知识创新产出能力(表5-1)。

表5-1　知识创新水平的衡量指标

知识创新水平		衡量指标
拥有知识的质与量	人力资本积累	总人口平均受教育年限(年) 万人口在校学生数(人/万人口)
运用知识的能力	知识投入	万人口科技活动人员(人/万人口) 人均科技活动经费支出(元/人)
	知识交流	人均邮电业务量(元/人)
	知识引进	人均实际利用外资(美元/人)
知识创新能力	R&D产业的发展	万人口R&D活动人数(人/万人口) 人均R&D活动经费支出(元/人) 百万人口发表科技论文数(篇/百万人口) 百万人口专利申请数(件/百万人口)

根据这一指标体系,我们计算出1996年和2000年广东省各地市知识创新水平的指标值(表5-2、表5-3)。我们将一个地区某项知识创新水平指标值相当于全省平均值的百分比作为该地区此项知识创新指标的指数,对一个地区在三大类十项知识发展指标的指数值加权平均得到该地区的知识创新综合指数,权重的选取是根据各项指标的重要程度而确定的。

表 5-2 1996 年广东各地市知识创新水平的指标值

地区	拥有知识的质与量		运用知识的能力				知识创新能力			
	平均受教育年限（年）[a]	万人口在校学生数（人/万人口）[b]	万人口科技活动人员（人/万人口）[c]	人均科技活动经费支出（元/人）[c]	人均邮电业务量（元/人）（1990年不变价）[b]	人均实际利用外资（美元/人）[b]	万人口R&D活动人数（人/万人口）[c]	人均R&D活动经费支出（元/人）[c]	百万人口发表科技论文数（篇/百万人口）[c]	百万人口专利申请数（件/百万人口）[c]
广州市	7.28	2023	109	447	882	396.31	32.13	117.49	2570.84	34.14
深圳市	8.00	720	20	151	1290	675.75	7.65	82.37	136.97	16.46
珠海市	7.03	1240	11	165	838	2356.63	2.03	47.92	1.91	43.04
汕头市	5.45	1953	16	26	406	242.22	1.85	6.81	285.30	0.25
韶关市	5.87	1875	24	39	135	45.06	1.81	11.88	86.21	1.01
河源市	5.42	1880	1	1	76	23.38	0	0	0	0
梅州市	5.51	1953	4	2	88	25.35	1.13	0.85	38.10	0
惠州市	5.68	1930	8	17	433	349.85	1.73	14.53	52.29	1.54
汕尾市	4.53	2079	1	1	195	19.27	0.06	0.03	0	0
东莞市	6.86	2129	16	55	1429	902.12	7.22	17.75	27.54	2.75
中山市	6.32	1810	25	44	778	394.59	4.66	34.60	75.69	31.54
江门市	6.10	1694	11	51	343	171.66	3.15	19.81	66.51	13.62
佛山市	6.43	1845	31	161	735	366.76	10.10	134.41	72.76	62.32
阳江市	5.42	1864	4	13	123	12.53	2.07	12.17	0.41	0.41
湛江市	5.38	2190	16	20	144	24.69	2.38	7.99	172.23	2.11
茂名市	4.07	1865	5	23	99	58.22	0.33	1.88	13.42	1.20
肇庆市	5.51	1770	8	24	147	101.35	1.61	18.62	26.28	0.55
清远市	5.23	1882	2	7	86	37.01	0.22	4.55	4.41	0
潮州市	5.46	1700	5	6	195	102.29	0.58	0.47	43.20	0.86
揭阳市	5.22	1741	1	5	163	80.50	0.39	0.90	0.00	0.20
云浮市	5.43	1811	1	2	99	84.93	0.12	0.05	0.00	0.83
广东省	5.91	1838	19	72	367	211.74	4.94	27.38	292.81	9.12

资料来源：a.根据广东省 1990 年人口普查资料、1995 年 1‰人口调查资料、2000 年人口普查资料相关数据推算而得

b.根据《广东五十年》相关数据计算而得

c.根据 1996 年广东省科技统计资料计算而得

表 5-3　2000 年广东各地市知识创新水平的指标值

地区	拥有知识的质与量		运用知识的能力				知识创新能力			
	平均受教育年限（年）[a]	万人口在校学生数（人/万人口）[b]	万人口科技活动人员（人/万人口）[c]	人均科技活动经费支出（元/人）[c]	人均邮电业务量（元/人）（1990年不变价）[d]	人均实际利用外资（美元/人）[d]	万人口R&D活动人数（人/万人口）[c]	人均R&D活动经费支出（元/人）[c]	百万人口发表科技论文数（篇/百万人口）[c]	百万人口专利申请数（件/百万人口）[c]
广州市	7.80	1493	82	681	1671	313.33	25.99	303.65	2376.04	96.55
深圳市	8.42	626	64	1065	2200	423.55	32.72	711.46	319.90	234.29
珠海市	7.64	1259	65	948	1805	825.00	16.12	516.77	298.64	278.41
汕头市	5.87	2026	15	99	784	75.34	4.96	39.06	360.09	49.67
韶关市	6.29	1979	28	128	406	64.19	3.77	47.79	245.69	5.48
河源市	5.83	2406	4	10	276	40.74	0.21	0.89	8.83	3.97
梅州市	6.23	2383	6	17	338	25.42	0.88	6.64	163.60	1.84
惠州市	6.52	1646	13	157	846	326.51	3.99	41.36	193.70	40.42
汕尾市	5.04	2301	2	12	453	45.68	0.72	4.53	11.01	4.08
东莞市	7.67	610	11	187	1149	255.54	1.53	23.75	114.18	22.65
中山市	7.02	1142	23	208	1274	269.01	6.36	86.85	159.93	91.39
江门市	6.54	1765	17	137	811	199.44	3.66	53.57	251.12	24.81
佛山市	7.03	1238	41	462	1242	180.45	8.26	217.22	226.87	184.90
阳江市	5.87	2136	6	21	396	33.50	0.46	1.59	10.14	17.97
湛江市	5.76	2358	11	39	319	15.43	3.98	23.94	303.31	9.72
茂名市	3.65	2402	7	35	252	12.64	2.68	21.15	154.59	4.39
肇庆市	5.88	1982	16	139	392	131.33	3.01	23.49	239.96	16.61
清远市	5.69	2175	5	32	316	59.23	1.65	22.60	40.35	2.54
潮州市	5.82	1807	8	56	532	62.04	2.40	14.19	152.36	51.20
揭阳市	5.58	1811	4	29	397	41.62	1.17	11.34	47.92	22.15
云浮市	5.77	2194	10	18	274	7.96	0.81	8.61	43.66	1.39
广东省	6.46	1701	26	269	885	167.35	8.34	133.53	440.26	61.29

资料来源：a.根据广东省 2000 年人口普查资料相关数据计算而得

b.根据《广东统计年鉴 2001》《广东五十年》相关数据计算而得

c.根据 2000 年广东省 R&D 资源清查数据快速汇总资料计算而得

d.根据《广东统计年鉴 2001》相关数据计算而得

5.3 知识创新发展水平差异的特征分析

根据构建的指标体系,我们可以求出 2000 年广东省各地市知识创新综合指数及人均 GDP。为了便于对比分析和趋势分析,我们也求出了 1996 年知识创新综合指数及人均 GDP。详见表 5-4、表 5-5。

表 5-4　1996 年广东各地市知识创新综合指数及人均 GDP

地区	知识创新综合指数	知识创新综合指数位次	人均 GDP（元/人）	人均 GDP位次	拥有知识的质与量指数	运用知识的能力指数	知识创新能力指数
广州市	422.00	1	22024.85	2	29.13	101.38	291.50
深圳市	168.63	4	26501.90	1	21.75	61.50	85.38
珠海市	211.13	3	19827.85	4	23.25	101.75	86.13
汕头市	66.75	8	7701.15	10	24.75	21.75	20.25
韶关市	54.94	11	5312.55	14	25.13	14.81	15.00
河源市	26.63	21	2290.82	21	24.25	2.38	0
梅州市	33.38	15	2979.70	20	24.88	3.63	4.88
惠州市	62.38	9	10452.17	8	25.13	21.88	15.38
汕尾市	28.19	20	3681.31	19	23.75	4.31	0.13
东莞市	121.38	6	16875.04	5	29.00	61.13	31.25
中山市	136.44	5	15181.33	6	25.63	36.81	74.00
江门市	81.88	7	11463.30	7	24.38	19.00	38.50
佛山市	249.13	2	20164.49	3	26.13	47.50	175.50
阳江市	40.50	13	4845.16	17	24.13	5.00	11.38
湛江市	56.13	10	5125.16	16	26.25	10.00	19.88
茂名市	32.19	16	6032.13	12	21.38	6.81	4.00
肇庆市	48.44	12	7982.80	9	23.63	10.31	14.50
清远市	30.50	17	3712.90	18	23.88	3.75	2.88
潮州市	36.38	14	5568.86	13	23.13	8.50	4.75
揭阳市	30.38	18	5168.72	15	22.88	5.88	1.63
云浮市	29.94	19	6096.68	11	23.88	4.69	1.38

表 5-5　2000 年广东各地市知识创新综合指数及人均 GDP

地区	知识创新综合指数	知识创新综合指数位次	人均 GDP（元/人）	人均 GDP位次	拥有知识的质与量指数	运用知识的能力指数	知识创新能力指数
广州市	239.52	3	34292	2	26.10	58.91	154.51
深圳市	264.75	1	39745	1	20.85	71.42	172.49
珠海市	242.90	2	26582	5	24.00	81.11	137.79
汕头市	71.83	7	10509	9	26.26	14.13	31.44
韶关市	59.93	9	6543	16	26.67	15.04	18.22
河源市	34.98	21	2870	21	28.93	4.59	1.46
梅州市	41.54	14	3660	20	29.52	5.07	6.95
惠州市	73.35	6	16024	7	24.72	25.04	23.59
汕尾市	34.99	20	5107	18	26.66	5.68	2.64
东莞市	56.37	11	32477	3	19.35	24.64	12.37
中山市	92.19	5	23542	6	22.02	29.33	40.84
江门市	68.72	8	14921	8	25.60	20.43	22.69
佛山市	135.75	4	28932	4	22.72	36.16	76.87
阳江市	37.89	18	6721	14	27.08	6.02	4.79
湛江市	53.57	13	6034	17	28.45	6.32	18.80
茂名市	40.58	15	7773	12	24.66	4.64	11.28
肇庆市	57.65	10	9986	10	25.94	14.80	16.91
清远市	39.58	16	4067	19	26.99	6.35	6.24
潮州市	53.59	12	8102	11	24.53	9.37	19.69
揭阳市	38.84	17	6802	13	24.06	6.10	8.69
云浮市	35.83	19	6660	15	27.25	5.04	3.54

根据各地区知识创新综合指数，将广东省划分为高知识创新水平地区（$I_i \geqslant 100$）、中上知识创新水平地区（$60 \leqslant I_i < 100$）、中下知识创新水平地区（$40 \leqslant I_i < 60$）和低知识创新水平地区（$I_i < 40$），可得表 5-6、表 5-7。由表 5-6 和 5-7 可以总结出以下四个特征。

表 5-6　1996 年广东各地市知识创新综合指数排名

知识创新水平	珠江三角洲	外围地区	
		东西两翼	北部山区
高水平($I_i \geqslant 100$)	广州(1,422.00) 佛山(2,249.13) 珠海(3,211.13) 深圳(4,168.63) 中山(5,136.44) 东莞(6,121.38)		
中上水平 ($60 \leqslant I_i < 100$)	江门(7,81.88) 惠州(9,62.38)	汕头(8,66.75)	
中下水平 ($40 \leqslant I_i < 60$)	肇庆(12,48.44)	湛江(10,56.13) 阳江(13,40.50)	韶关(11,54.94)
低水平($I_i < 40$)		潮州(14,36.38) 茂名(16,32.19) 揭阳(18,30.38) 汕尾(20,28.19)	梅州(15,33.38) 清远(17,30.50) 云浮(19,29.94) 河源(21,26.63)

表 5-7　2000 年广东各地市知识创新综合指数排名

知识创新水平	珠江三角洲	外围地区	
		东西两翼	北部山区
高水平($I_i \geqslant 100$)	深圳(1,264.75) 珠海(2,242.90) 广州(3,239.52) 佛山(4,135.75)		
中上水平 ($60 \leqslant I_i < 100$)	中山(5,92.19) 惠州(6,73.35) 江门(8,68.72)	汕头(7,71.83)	
中下水平 ($40 \leqslant I_i < 60$)	肇庆(10,57.65) 东莞(11,56.37)	潮州(12,53.59) 湛江(13,53.57) 茂名(15,40.58)	韶关(9,59.93) 梅州(14,41.54)
低水平($I_i < 40$)		揭阳(17,38.84) 阳江(18,37.89) 汕尾(20,34.99)	清远(16,39.58) 云浮(19,35.83) 河源(21,34.98)

5.3.1　知识创新发展不平衡,形成知识的二元结构

　　改革开放以来,得益于香港、澳门强大的经济辐射作用,珠江三角洲的经济进入了加速发展的新阶段,全省经济发展水平较高的市县集中在以广州、深圳、珠海、东莞、佛山、中山、江门等为核心的珠江三角洲地区,经济发展的区域极化出现,形成明显的核心—边缘结构,即珠江三角洲是全省经济发展的核心,而北部和东西两翼则成为经济发展的边缘。在知识创新发展上,广东省同样出现了二元结构,形成了"知识核心带"(珠江三角洲地区)和"知识外围带"(外围地区)。

　　珠江三角洲地区知识创新综合指数明显高于外围地区,1996 年高水平的 6 个地区都位于珠江三角洲地区。广州得分最高,是广东省知识创新的中心。佛山、珠海、深圳、中山、东莞、江门、汕头、惠州列全省前 9 名,除汕头位于粤东外,其余均在珠江三角洲地区。汕头为经济特区,由于万人口在校学生数和百万人口发表科技论文数的值较高,知识创新发展很快,成为东翼地区重要的知识创新中心城市。珠江三角洲地区有 6 个市属于高知识创新水平地区,2 个属于中上水平,1 个属于中下水平;在外围地区中,东西两翼除汕头为中上等知识创新水平以外,有 2 个地区为中下水平,并且还有 4 个地区的知识创新处于低水平;北部山区除韶关为中下等知识创新水平以外,其余全部为低水平。很明显,在知识创新发展水平上,珠江三角洲地区不断极化,进而成为全省乃至整个华南地区的知识增长极。到了 2000 年,虽然处于高水平的地区只有 4 个,但全省前 8 名的城市中,仍然是只有汕头一个城市是位于外围地区的。排名第一的深圳市与最后的河源市指数相差近 230。相对于 1996 年,2000 年广东省知识创新发展水平较高的市仍然集中在以深圳、珠海、广州、佛山、中山、江门等为核心的珠江三角洲地区。

5.3.2　发展模式由单核心向三大核心转变

区域之间存在显著的知识创新发展差距的同时,珠江三角洲内部知识创新发展也极不平衡。1996 年广州市由于综合知识创新水平远高于周围地区而成为知识创新的核心,使得广东的知识创新水平的分布在总体上呈现单核心的模式。广东省知识创新单核心模式的形成是因为广州是广东省的政治、文化、经济中心,集中了广东省绝大多数知识资源。特别是在知识创新能力指标上,1996 年发表的科技论文数,广州占了全省的 80% 以上,是广东省的知识创新中心。从知识创新综合指数看,广州远远高于其他地区,相当于全省平均水平的 4.22 倍,与排在第二位的佛山市相比,广州的知识创新能力指数、运用知识的能力指数都远远高于佛山。由此可见,在知识发展核心带(珠江三角洲)内部,除去广州作为知识创新中心而处于明显的核心地位外,其他地市发展差距并不十分明显。

到了 2000 年,深圳在人口、经济规模、知识发展等方面都超过了珠江三角洲其他城市,并直接影响着广州传统知识创新中心的地位。随着城市知识创新能力的不断提高,深圳开始以珠江三角洲的核心知识创新城市的身份出现,而广州在全省中的重要性则有所下降。与 1996 年相比,深圳上升为第 1 位,珠海也赶上并超过广州排名第 2 位。广州知识创新综合指数略低于珠海而处于第 3 位。由于本书的知识创新水平指标值是根据人均值计算而得的,这使得 2000 年广州与珠海同属创新中心,且广州位于珠海之后。但作为核心而言,应同时考虑其规模总量这一因素,广州知识创新的规模要远远大于珠海。因此,2000 年广东省知识创新发展形成了深圳、广州、珠海这一等级顺序的三核心模式。

深圳知识创新综合水平一跃而排名全省首位,主要原因是科教兴市战略的提出和高新技术产业成为深圳的第一经济增长点。1998 年 6 月,在中共深圳市委二届八次全体(扩大)会议上,市委提出了加快实施科教兴市战略等工作指导思想,明确指出:"加快实施科教兴市战略,要坚决贯彻科技是第一生产力的思想,加快建立科技和经济紧密结合的新机制,坚持用高新技术改造传统产业,推动产业升级和产品换代,使高新技术产业真正成为第一经济增长点;要努力建设教育强市,加强人才培养,提高劳动者的整体素质,跟上国民经济发展的潮流,迎接知识经济时代的挑战。"在高新技术产业发展方面,深圳确定以高新技术产业为先导、建设高新技术产业开发生产基地的发展战略和奋斗目标,使知识创新与经济、生产相结合,促进了高新技术产业的发展,促进了经济结构的转型和升级。2000 年,深圳高新技术产品产值 1064.45 亿元,占工业总产值的 42.28%。其中电子信息产业产值 953.16 亿元。全市从事开发、生产高新技术产品的企业有 553 家,出现了包括长城计算机、希捷、华为、中兴、开发科技等在内的 35 家重点高新技术企业。高新技术企业就业人数达到 16.5 万人,从事技术开发人员超过 1.6 万人。全市研究经费 2000 年达到 51.75 亿元,占 GDP 的 2.9%。

深圳市高新技术产业的发展主要表现在:①加大高新技术开发区的建设力度。把特区内最具有商业前景的西部后海湾地区共 11.5 平方千米的土地划为高新技术产业园区,成立深圳市高新技术产业园区领导小组,加强对园区建设的统一领导、统一规划。后来,又把占地 80 平方千米的龙岗大工业区列为深圳高新技术产业的生产基地。②建立、巩固和发展优势产业群并加强了具有自主知识产权产品的开发。通过创建一批支柱产业和主导产业,发展有自主知识产权的高新技术产品,使其在国内外市场中显示出强大的竞争力。③建立科技投入体系。形成以政府为龙头、企业为主体、银行为后盾,多层次、多渠道的科技投入体系,使全市的资金投向保持向高新技术产业倾斜的趋势,形成"投入—增值—再投入"的良性循环。此外,深圳借助证券市场来优化资源的配置,积极扶持一大批高新技术企业上市,如深康佳、深科技、深中兴、深桑达、深天马、深赛格、海王医药、三九制药公司等,形成了深圳本地的高科技板块。在另一些较早上市而又属于传统产业的公司中,已有一大批公司利用证券市场的股权置换和资产重组等方式,转向高新技术产业或以高新技术来改造、提升传统产业。如亿安科技,经营重点由综合性贸易行业逐步转向电子通信、数码科技、网络工程等高新技术产业;深房控股组建深圳数码港;深鸿基通过受让东南网络公司 60% 的股权,一举进入有线宽频网络高科技信息产业(李剑星,2001)。④加大技术和人才引进的力度。措施包括鼓励内地大学、科研机构与深圳企业联合创办高新技术产业,吸引内地大学和科研机构直接在深圳创业、兴办独资企业,引进和聘请国内外科技人员、留学生前来帮助开发新产品,引进专利技术,鼓励科研人员兴办民营科技企业等。⑤充分利用区外知识资源推动高新技术产业国际化发展。把深圳高新技术产业的"三个一批"发展策略与香港政府推行的"工业与科技资助计划"等经济发展战略结合起来,共同支持一批技术含量较高、市场前景较好、可批量生产形成产业化的应用研究开发项目。

珠海通过建设以信息技术为龙头的高新技术产业基地、有较强吸引力的产学研基地、高附加值的产品出口创汇基地,而成为广东省知识创新的三大核心之一。①随着珠海市经济结构的迅速调整和投资创业环境的日趋改善,高新技术产业持续增长。高新技术产品总产值在全市工业总产值中的比重稳步增加。2000年,珠海已初步形成以电子信息、光机电一体化、新材料和生物技术及医药等产业为主体的高新技术产业群,初步建立起以企业为主体、联合高等院校和科研院所的研究开发知识创新体系。②据对纳入全市高新技术产业调查的 150 家主要企业的统计,2000 年生产高新技术产品 221 种,高新技术产品的工业总产值为 170.1 亿元,占当年全市工业总产值的 26%。③珠海市已形成了集聚科技资源的区域——"大学园区——科技创新海岸",建立了一批高起点、宽领域的高新技术研发基地。2000 年,珠海大学园区已初步形成了集聚科技资源与人才的区域。大学园区已成功引进了中山大学、暨南大学、北京理工大学、北京师范大学、吉林大学和中国人民大学等十多所国内著名高校在珠海建设分院。④采取有效措施大力吸引和聚集既懂研究开发又有较强市场营销和管理能力的优秀科技人才,努力建立一支高素质的科技人才队伍。2000 年,全市已有各类专业技术人才近 6 万人。⑤高新技术企业的自主开发能力迅速提高,2000 年有自主知识产权的高新技术产品和专利产品的比重接近 40%。全市相继建立了 3 个国家级、6 个省级工程技术研究开发中心、一个国家"863 计划"成果转化基地以及一批科技服务机构。⑥为知识创新的发展提供资金支持,珠海市从 1999 年开始大幅度增加了财政对科技的投入。2000 年,市级财政科技经费总投入占财政总支出的 12.5%。

总之,深圳与珠海面对知识经济的浪潮,力图接近知识源地,促进知识传播与应用,致力于产学研的结合,努力促进创新环境建设,使知识成为推动经济发展的新动力,成为广东第一、第三大知识资源集中和创新的地区。它们与广州一起共同成为知识创新发展的三大核心,形成三核心模式。

5.3.3　知识创新综合指数同经济发展指数有较好的对应性

从各区域来看,珠江三角洲是广东经济最为发达的地区,也是知识创新水平最高的地区。北部山区不仅经济远远落后于珠江三角洲地区,知识创新水平也同珠江三角洲地区之间存在很大的差距。东西两翼在经济和知识创新水平上都处于二者之间。从各地市来看,全省 2/3 的市人均GDP 在全省的位次与知识创新指数的位次相差一般不超过 3 位(见表5-4、表 5-5)。与经济发展综合指数相对比(图 5-3、图 5-4),经济发展水平高的珠江三角洲地区其知识创新综合指数也高。可见知识创新水平同经济发展水平有较好的对应性,经济发达的区域知识创新水平一般也较高,经济发展水平较低的区域知识创新水平也较低。

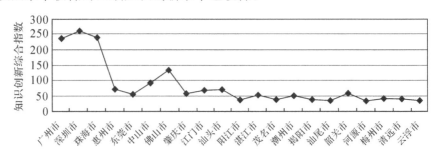

图 5-3　2000 年广东各地市知识创新综合指数图

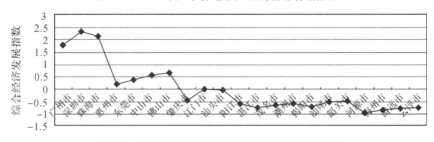

图 5-4　2000 年广东各地市综合经济发展指数图

注:综合经济发展指数见表3-2。

另外,有一些市的知识创新水平超前于经济发展水平,有些市则落后。2000 年知识创新综合指数位次与人均 GDP 位次相差相对悬殊(位次相差＞3)的市一共有 7 个,除东莞外都位于外围地区。其中,韶关、梅州和湛江知识创新综合指数位次显著高于人均 GDP 位次。韶关和湛江是由于百万人口发表科技论文数和万人口在校学生数两项指标均处于较高水平,从而提升了其知识创新综合指数的总体排名;梅州是由于其万人口在校学生数较高。这表明这些地区在利用当地科研力量促进经济发展上还有巨大的潜力。知识创新综合指数位次显著低于人均 GDP 位次的市为东莞、阳江、揭阳和云浮。东莞是由于外来人口多而使知识创新水平落后于经济发展水平。阳江的万人口 R&D 活动人数、人均 R&D 活动经费支出和百万人口发表科技论文数的指数都很低,造成知识创新能力指数远远落后。揭阳是由于拥有知识质与量指数相对于其他各项指数较低。云浮是由于运用知识的能力指数和知识创新能力指数均较低。

5.3.4　知识创新水平差异显著,但差距不断缩小

珠江三角洲与外围地区知识创新水平呈现明显的差异,特别是一些决定经济长期发展的关键性知识创新能力指标的地区差距更为显著(表5-8、表 5-9)。1996 年知识创新水平的三类指标中,恰恰是在最为核心的知识创新能力上差距最大。其中百万人口发表科技论文数以及百万人口专利申请数指标的相对差异系数都将近达到 189。在运用知识的能力上,引进知识的能力差异最大,人均实际利用外资的相对差异系数高达 246.63,最大值与最小值之比超过 188。另外,在知识交流指标和知识投入指标上,也有相当大的差距,相对差异系数都在 110 以上。人均邮电业务量指标也反映了珠江三角洲与外围地区在报纸和电话等信息交流途径上的差距,说明新的信息技术固然给后来者追赶先行者提供了机遇,但是,如果后来者不能很好地把握住这种机遇,将会造成知识创新差距的拉大。万人口科技活动人员、人均科技活动经费支出上的差距反映了一个地区吸引人才及为人才和知识的发展创造环境的能力,在珠江三角洲与外围地区也存在显著的差距。

表 5-8 1996 年珠江三角洲与外围地区知识创新指标差距状况

	均值	最大值与最小值之差	最大值与最小值之比	相对差异系数(%)
拥有知识的质与量				
总人口平均受教育年限(年)	5.912	3.93	1.96	15.15
万人口在校学生数(人/万人口)	1838	1470.00	3.04	16.81
运用知识的能力				
万人口科技活动人员(人/万人口)	19	108.00	109	121.17
人均科技活动经费支出(元)	72	446.00	447	140.54
人均邮电业务量(元/人)(1990 年不变价)	367	1353.00	18.80	110.84
人均实际利用外资(美元/人)	211.74	2344.10	188.08	246.63
知识创新能力				
万人口 R&D 活动人数(人/万人口)	4.94	32.13	—	140.73
人均 R&D 活动经费支出(元)	27.38	117.49	—	138.69
百万人口发表科技论文数(篇/百万人口)	292.81	2570.84	—	188.81
百万人口专利申请数(件/百万人口)	9.12	62.32	—	188.96

表 5-9 2000 年珠江三角洲与外围地区知识创新指标差距状况

	均值	最大值与最小值之差	最大值与最小值之比	相对差异系数(%)
拥有知识的质与量				
总人口平均受教育年限(年)	6.46	4.77	2.31	16.31
万人口在校学生数(人/万人口)	1701	1780.00	3.84	32.12
运用知识的能力				
万人口科技活动人员(人/万人口)	26	78.00	20.50	87.97
人均科技活动经费支出(元)	269	1055.00	106.50	114.60
人均邮电业务量(元/人)(1990 年不变价)	885	1948.00	8.73	64.81
人均实际利用外资(美元/人)	167.35	817.04	103.64	114.01
知识创新能力				
万人口 R&D 活动人数(人/万人口)	8.34	32.51	155.81	104.64
人均 R&D 活动经费支出(元)	133.53	710.57	799.39	139.03
百万人口发表科技论文数(篇/百万人口)	440.26	2367.21	269.09	116.03
百万人口专利申请数(件/百万人口)	61.29	277.03	200.30	128.15

注:相对差异系数(%)计算公式为:

$$V = \frac{\sqrt{\dfrac{\sum\limits_{i}(Y_i - \overline{Y})^2}{N}}}{\overline{Y}}$$

式中,V 表示相对差异系数;Y_i 表示 I 区域的指数值;N 表示区域个数。

对于珠江三角洲与外围地区来说,拥有知识的质与量指标的差距最小,由于普及义务教育,广东各市 1996 年平均受教育年限都在 4 年以上。最高与最低的差距为 3.93 年。而万人口在校学生数由于统计了高中、初中和小学的人数,而并非仅仅统计高等学校在校学生数,从而使得这一指标的差距较小,相对差异系数仅为 16.81。

1996—2000 年,区域知识创新水平的差距总体上在不断缩小。虽然拥有知识的质与量指标上的差异在扩大,但在运用知识的能力及知识创新能力的指标上,差异在缩小,表现在这些指标 2000 年的相对差异系数要小于 1996 年的相对差异系数。这反映了随着经济的发展,外围地区也抓住信息时代知识扩散的机遇,加大了对知识投入和创新能力的培养,从而缩小了在知识创新上与珠江三角洲地区的差距。但由于知识创新对经济发展作用的不断提高,尽管外围地区与珠江三角洲在知识创新上的差距在缩小,知识创新差距带来的经济发展差距却在扩大。由此也反映出知识创新在当代经济发展中决定性作用的增强。

1996—2000 年,拥有知识的质与量指标的差异有较小幅度的扩大。这主要是由于历史上教育发展不平衡、人口迁移等人力资本投资差异而形成的,它在一定程度上反映出各市劳动质量的差距在扩大。这里对广东省各市平均受教育年限,选取 4 个年份进行比较(表 5-10)。改革开放初期,除了最高的深圳与最低的汕尾之外(相差 2.64 年),大部分城市的人力资本水平差距并不大(相差 1.25 年)。其中,1978 年人均受教育年限最高的城市比最低的城市高 2.64 年。1990 年为 3.60 年,1996 年为 3.93 年,2000 年为 4.77 年。通过这一比较,我们看出各市之间人力资本水平的差距有扩大的趋势。此外,我们通过各市之间平均受教育年限的相对差异系数的比较(从 1996 年的 15.15 逐渐增至 2000 年的 16.31),同样可以发现这一差距有较小幅度的扩大。万人口在校学生数指标的差距也在扩大,相对差异系数由 1996 年的 16.81% 上升为 2000 年的 32.12%。

表 5-10　典型年份广东各地市平均受教育年限

地区	1978 年平均受教育年限/年	1990 年平均受教育年限/年	1996 年平均受教育年限/年	2000 年平均受教育年限/年
广州市	4.69	6.51	7.28	7.80
深圳市	5.40	7.37	8.00	8.42
珠海市	3.62	6.11	7.03	7.64
汕头市	3.45	4.83	5.45	5.87
韶关市	4.03	5.25	5.87	6.29
河源市	3.90	4.81	5.42	5.83
梅州市	4.26	4.43	5.51	6.23
惠州市	3.50	4.41	5.68	6.52
汕尾市	2.76	3.77	4.53	5.04
东莞市	4.18	5.64	6.86	7.67
中山市	4.07	5.27	6.32	7.02
江门市	4.31	5.45	6.10	6.54
佛山市	4.34	5.52	6.43	7.03
阳江市	3.63	4.74	5.42	5.87
湛江市	3.44	4.81	5.38	5.76
茂名市	3.55	4.71	4.07	3.65
肇庆市	3.94	4.96	5.51	5.88
清远市	3.69	4.55	5.23	5.69
潮州市	3.68	4.93	5.46	5.82
揭阳市	4.36	4.69	5.22	5.58
云浮市	4.21	4.92	5.43	5.77
广东省	3.95	5.09	5.91	6.46

　　1996—2000 年,运用知识的能力指标和知识创新能力指标的差距在不断缩小。主要表现在除人均 R&D 活动经费支出相对差异系数变化不大以外,其余各项指标的相对差异系数都在变小。其中变化最大的是人均实

际利用外资指标的相对差异系数,由 246.63% 下降到 114.01%。其次是百万人口发表科技论文数指标的相对差异系数,由 188.81% 下降到 116.03%。由此可见,广东省知识创新发展不平衡,形成了知识创新的二元结构,但知识创新综合水平的差距在不断缩小。

5.4　知识创新发展差距的原因分析

影响经济地域知识创新系统发展的因素是多方面的,是外部要素与内部要素共同作用的结果。其中区外知识的输入是外部因素,本地知识培育是内部因素,而知识交流是途径,经济发展和制度创新是保障。对于珠江三角洲与外围地区知识创新水平差距原因的分析,可以从以下几个方面进行论述。

5.4.1　发掘区外知识程度的差异

发掘区外知识程度的差异主要表现在两个方面。①起始时间不同。区域的知识创新可分为四个阶段。20 世纪 70 年代末,广东省处于发掘区外知识的阶段。这一时期,珠江三角洲率先在国内实行市场化取向的改革和对外开放,通过一系列特殊政策允许采用各种灵活措施接受来自香港的企业,从而使得劳动密集型的轻工产品加工制造业大规模进入珠江三角洲地区。香港的制造业通过扩散,完成了其"低成本、中技术、高增值"的发展模式。在技术组合模式上,形成了"西方工业国家的 R&D 的技术转移成果——珠江三角洲地区的土地、劳动力低成本投入——香港通过国际市场开拓和经营管理实现出口高增值"这样的模式,珠江三角洲接受了西方工业国家转移来的 R&D 的技术成果,并学习了香港的管理经验。通过使用业主所有的技术、技术许可证、使用新设备等途径发掘了区外的知识。在发掘区外知识的起始时间上,珠江三角洲要早于外围地区。当外围地区也加大开放程度时,珠江三角洲已经在模仿创新的基础上培育了本地的知识创新系统,可以通过区际贸易、对外直接投资、技术标准联盟等途径获得更高层次的区外知识。因为通过对外出口可以使企业直接地面对国际市场，以满足国际市场的需要和迎接国际市场的挑战，从而增加其知识创新能力。②开放程度的不同。这里的开放不仅是对外国的开放，还包括对国内不同主体的开放，如对其他地区、对民间组织、对私人的开放。珠江三角洲在知识创新的各个方面的开放程度都高于外围地区，从而吸纳了更多主体的参与，在知识生产中企业的参与程度也大于外围地区。事实上，珠江三角洲知识创新水平较高在很大程度上得益于其较高的对外开放度。

5.4.2 本地知识培育程度的差异

5.4.2.1 人力资源历史积累的差异

本地知识培育程度的差异主要表现在知识资源（人力资源和科技资源）的历史积累和高新技术产业发展的差异上。区域人力资源的历史积累深受历史进程和传统文化观念的制约，同时也与区域经济社会发展相适应，是区域经济发展差异的重要诱因。广东区域开发的历史大体上是自北向南、自西向东推进的，区域人才分布也与此相适应。直到唐代，广东经济重心和人口重心主要在粤北，所以人才分布也没有脱离这个格局。例如从汉到唐广东察举和科举人物共72人，粤北为29人，占40%，珠江三角洲为26人，占36%，其余地区很个别。到了宋代，粤北仍保持人才的重要地位，但已让首位于珠江三角洲，例如在宋代各类科举人才中，粤北占21%，珠江三角洲占34%，西江地区占16%，而潮汕地区人才实力也开始增强，各类科举人才占全省的13%。明代广东经济重心完全移到珠江三角洲和韩江三角洲，粤北在区域人才分布中已完全失去昔日的领先地位。各类科举人才中，珠江三角洲占49%，韩江三角洲占16%（司徒尚纪，1993）。清代广东社会文化背景虽然发生很大变化，尤其是客家文化的兴起，梅州地区涌现出大批人才，但人才地域分布格局基本上仍因袭前朝。从广东历代察举人才的籍贯分布观察，广东历史人才差不多一半集中在珠江三角洲，其次为潮汕地区。中华人民共和国成立后，一些科技人才、教师先后奔赴粤西、粤北等地区，一定程度上改变了全省人才的地区分布。但是，历史上长期形成的人才集中在珠江三角洲和大中城市的现象仍无重大改变。据改革开放初期广东省第三次人口普查资料(1982年),全省大学文化程度以上人才地区分布中,珠江三角洲共有159216人,占全省的56.3%。改革开放以来,珠江三角洲基于经济优势和特殊的政策优惠,形成了人才的洼地效应,吸引了省内外大量人才,1990年其大学文化程度以上人才拥有量在全省所占比重进一步上升,达到64.5%(表5-11),使该区的人力资源优势得到增强。

表5-11　1990年珠江三角洲与外围地区大学文化程度以上人才拥有量

	珠江三角洲	外围地区	
		东西两翼	北部山区
人才拥有量/人	542006	194101	104484
占全省比重/%	64.5	23.1	12.4

资料来源:根据广东第四次人口普查(1990年)手工汇总资料计算而得

5.4.2.2　科技资源历史积累的差异

科技资源的历史积累对区域知识创新有着直接或间接的影响。科技资源历史积累可以从科技人员、科研机构和高等院校拥有量三方面进行分析。从科技人员数量上看(表5-12),1997年珠江三角洲全民所有制单位科学技术人员人数分别是东西两翼和北部山区的1.8倍和3.3倍。从科研机构拥有量看,1997年全省县级及以上政府部门所属研究与开发机构有278个在珠江三角洲地区,占全省的58%,而东西两翼和北部地区分别只有122个和77个。再从高等院校分布情况看,2000年珠江三角洲地区共有32所,占全省的71%。珠江三角洲地区在全省相对雄厚的科技实力,有力地带动了高新技术产业的发展,推进了本地区的产业升级进程,提高了本地区的知识创新水平。

表 5-12 1987—1997 年珠江三角洲与外围地区全民所有制单位科学技术人员数

单位：人

地　区		1987年	1989年	1990年	1991年	1992年	1993年	1994年	1995年	1996年	1997年
全省		284866	331421	443725	706891	863931	843438	891065	915137	971414	1004595
珠江三角洲		137542	167511	178186	316044	362221	368776	376968	395238	409130	416800
外围地区	东西两翼	45611	71749	78174	138990	155902	160763	183789	197305	212813	225505
	北部山区	35017	52370	45234	90923	102214	98559	10826	109983	118874	127454

注：计算范围为国有企业、事业单位，不包括党政机关和团体。1987—1990 年为自然科学技术人员数，1991—1997 年包括社会科学技术人员数。

资料来源：陈鸿宇，2001. 区域经济梯度推移发展新探索. 北京：中国言实出版社. 据该书第 127—129 页数据重新计算而得

5.4.2.3　广东高新技术产业发展的差异

广东高新技术产业发展区域相对集中。全省 10 家高新技术产业开发区，包括 6 家国家级高新区和 4 家省级高新区，除 1 家在汕头外，其他全部集中在珠江三角洲内。广东省形成的"三点一带"高技术产业布局也都位于珠江三角洲内。"三点"即为深圳、广州、中山的高新开发区，"一带"是珠江三角洲高新技术产业带。1992 年又在佛山、惠州、珠海建立 3 个国家级开发区和江门、东莞 2 个省级高新技术开发区，1998 年又新建 1 个省级开发区——肇庆高新技术开发区。这些高新开发区已成为广东产业创新的基地，成为珠江三角洲经济的强大加速器。至 1998 年，珠江三角洲的 6 个国家级开发区共投入建设资金近 90 亿元，占地面积 30 多平方千米，完工建设面积 400 多万平方米，进入开发区的企业 2000 多家，高新技术项目 480 项，共实施"火炬计划"130 多项；已成为全国最大的微型计算机生产基地、全国最大的片式电子元件基地，形成全国最大的生物工程药物群体和世界最大的立体彩色照相机生产系统。1998 年，珠江三角洲专利申请量达 10534 件，授权量 9351 件，分别占全省的 78.0％和 87.3％。1988—1998 年，广东省共实施国家级和省级"火炬计划"项目 881 项，其中 80％以上集中在珠江三角洲（吴勇华，2000）。2000 年珠江三角洲地区高新技术产品产值占全省的 93.4％；深圳、广州在全省发展高新技术产业中的龙头作用比较明显（图5-5）。珠江三角洲已发展成为高新技术产业带，也成为广

东高新技术的集聚地和扩散源,从而促进其知识创新水平极大提高。

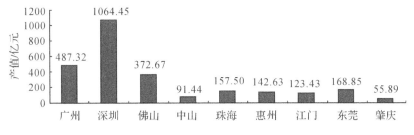

图 5-5　2000 年珠江三角洲各市高新技术产品产值

5.4.3　经济发展程度的差异

一个地区的知识投入同其经济发展水平密切相关,因而,经济发展程度的差距必然造成知识创新水平的差距。知识创新既是经济发展的一个重要原因,也是经济发展的重要结果。计算表明,2000 年广东省知识创新综合指数同人均 GDP 指数的相关系数为 0.92。经济发展影响知识创新水平主要表现在:由于其经济总量水平所限,外围地区人均教育经费远远低于珠江三角洲地区。这种投入上的巨大差距必然导致各地区在运用知识的能力和知识创新能力上的差距。

进一步研究经济发展对知识创新发展的具体影响途径发现,人均投资和人均消费同知识创新发展水平有显著的相关性。经济发展水平主要通过增加人均消费,提高人们对同知识创新相关的货物和服务的购买能力,增加人们对提高知识创新能力的需求,从而提高知识创新水平。人均投资水平对知识创新水平也有着重要的影响。它主要通过投资于知识创新和投资于同知识创新相关的货物和服务的供给(包括教育和通信基础设施),从而提高一个地区的知识创新能力。此外,投资于先进的生产设备,也由于其技术外溢性,有利于知识创新水平的提高。

制度创新对知识创新差距的形成也具有重要的促进作用,主要表现为产权制度、激励制度以及开放制度差异的影响,制度的差异必然会影响知识创新水平。关于制度创新的差异,详见第 6 章。

6

珠江三角洲与外围地区
制度创新的比较

经济体制转型以来,广东省的地区经济发展表现为高速增长中的区际经济非均衡增长的态势,经济地域之间经济发展差异的拉大成为总体经济发展的重要特征。对此进行理论和实证的分析成为区域经济研究的重要内容,但目前研究依据的理论仍然是一般的区域经济增长理论和经济发展理论,由于经济转型时期地区经济增长的制度环境和制度结构的特殊性,这种一般的理论规范就很难解释特定的制度转型因素。将制度经济学和区域经济增长理论进行整合从而在此基础上进行区域经济增长制度分析,可以进一步解释经济体制转型以来的广东省经济地域非均衡增长的现象。本章的主题是珠江三角洲与外围地区制度创新的比较,主要从制度创新的初始约束条件、制度创新过程、制度创新模式和制度创新程度四个方面进行比较,以此来解析广东经济转型以来珠江三角洲与外围地区在制度创新上的差异。

6.1 制度创新初始约束条件的分析

珠江三角洲与外围地区经济发展是不平衡的,这种区域发展的不平衡性,不仅表现为区域经济发展状态的不平衡,而且表现为区域发展起点的不平衡。面对这种状况,广东选择了以区域不平衡发展战略替代区域均衡发展战略的做法,用点的突破来带动面的发展。在制度转型上,采取的是渐进式的方式,首先是从珠江三角洲入手,通过珠江三角洲率先一步的转型发展,产生示范效应,从而带动外围地区的改革。因此广东制度转型的总体特征表现为渐进式制度创新,而这种渐进性在区域空间上表现为制度创新的区域渐进和梯度推进状态。

6.1.1 广东制度创新的初始模式为对外开放促进型制度变迁方式

广东作为中国改革的先行者,取得了举世瞩目的成就,创造了"广东奇迹"。这种成功显然得益于广东制度创新模式的正确选择。一旦制度创新初始模式确立了,改革最关键的问题就是考虑如何在既定的约束下以尽可能低的变迁成本实现制度创新目标。因此要分析珠江三角洲与外围地区制度创新初始约束条件的差异,首先必须分析广东省制度创新的初始模式,正是在实施这一模式时,两大经济地域的变迁成本不同,造成了珠江三角洲与外围地区在制度创新的广度和深度上存在差异。广东制度创新的初始模式为对外开放促进型渐进式制度变迁方式,其特征表现在以下三个方面。

6.1.1.1 通过引入系统外部变量来实现制度创新

改革开放初,广东省由于内部经济组织不发达,缺乏计划经济体制下大中型工业基础和高科技人才优势,难以通过内部组织转型来激活全体,再加上计划经济体制对其控制本来就弱,也无必要通过原有组织的边际改进来促进创新,而只需要引入外部非国有经济组织,便可有效启动改革,走上市场经济道路。其原因具体表现在:①传统制度约束不严。在计划经济条件下,虽然国家为获取租金最大化而为地方设定以全民所有制占绝对优势为特征的产权结构,但全国各地却不是同一个比例结构,有的地方国有经济的比重要高一些,有的地方却要低一些。一个地区如果国家工业投资大、项目布局多,那么其经济结构中国有经济的比重就比较大,中央控制就比较严,要实现创新转型就比较困难。改革开放前30年,广东由于地处国防前线,出于备战的需要,在中央政府实行生产力平衡布局战略中,始终不是全国工业化的重要地区,中央政府投资的大中型项目很少。比如珠江三角洲,50年代全国156项大型重工业项目,没有一个投放在珠江三角洲;60—70年代,国家大规模投资"三线"建设,珠江三角洲也由于地处一线而不是投资重点。因此,尽管广东的工业化是在计划经济体制下进行的,工业部门的经济结构也以国有经济为主,但其国有经济的比重较低,中央政府的计划控制也就相应要松一些。这使得广东通过对外开放发展非国有经济的空间相应要大。②工业化基础相对薄弱。改革开放初期,广东的工业化基础比较薄弱,国有经济组织不发达,许多工业产品处于待开发阶段。事实上,当时广东形成了以农业为主的城乡混合型经济,工业的加工度不仅低,而且产业关联性弱,投入产出关系相对简单。这种经济结构与经济类型对市场化启动更为有利。这种情况下,从外部引入非国有经济变量,既可承接原有规模不大的工业产业转移,减轻就业压力,又可以冲击旧体制实现经济转轨,降低制度创新成本。③经济组织结构松散。市场化启动最终是要引起经济组织的变革。一般而言,组织规模越大,其契约关系越复杂;组织形式越是正规化,其契约关系越是相对完备;组织结构越是严密,其契约关系越是相对稳固。因此,相对来说,在传统体制下形成的较大规模、正规化、结构严密的组织形式,比小规模、非正规化、结构松散的组织形式,要难以调整和发生变革。改革开放前,广东工业企业组织规模不大,因而存在着不少非正规化、结构松散的经济组织,很容易启动市场。尤其是珠江三角洲,1978年有工业企业2万家,其中大型企业只有38家,中型企业只有146家,大中型企业加起来只有184家,小企业占企业总数的90%以上。在这种情况下,小企业自主权比较充分,没有国家计划的限制,不受条条框框的约束,灵活性较大,自主性较强,能适应市场竞争的需要(陈述,2002)。因而,小企业迅速成为新机制形成的载体。这些小企业自主权比较充分,灵活性较强,一旦受到外部冲击,很容易在体制外同外来经济组织结合,成为促进新机制形成的微观载体,最终导致制度创新。

正是改革开放初广东省的经济组织所具有的以上特征,使得广东的制度创新的初始模式是通过引入外部变量来实现的。而实现途径是通过对外开放引入非国有经济组织。

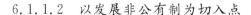

6.1.1.2　以发展非公有制为切入点

采取什么样的制度变迁模式是由不断变化的制度需求因素和制度供给条件共同决定的。对于同一个制度安排,不同区域初始条件的差异将使得各自区域实施这一制度安排的成本和收益大不一样。制度变迁的初始条件决定了一个区域制度变迁的启动点和发展方向。同时,初始条件决定了何种力量将成为启动该区域制度变迁的主体。体制转换初期,广东最具有潜在收益机会的地方在于发展非国有经济,因此,其制度创新切入点也就选择了处于传统体制边缘的非国有经济。广东的改革从一开始就不是致力于改革现行的国有体制,而是以各种优惠、灵活的政策鼓励非国有经济的发展,典型的就是"三来一补"。通过引入新的经济成分,在旧的国有体制旁边形成了一个庞大的非国有经济,进而发展出了以市场为主的新资源配置体制。

6.1.1.3　注重优惠、特殊政策的运用

广东之所以对外国人具有魅力,成为投资者的新乐土,乃是因为在广东有着其他地区无法比拟的优惠条件与特殊政策。这种特殊政策、优惠条件一部分来自中央的赋予,更多的则是来自广东人自身的创造。通过各种优惠政策、特殊政策,广东吸引了大量的外资,并鼓励人们大胆地从事各种经济创新活动。优惠、特殊政策提高了人们的经济预期收益率,也为人们提供了一种其他地区不会有的制度租金,对租金的追求导致了资金的大量流入,从而促进了广东非国有经济的发展。正是由于注重优惠、特殊政策的运用,广东的对外开放程度不断深化,而外资的进入促进了制度的转型与变迁。

6.1.2　珠江三角洲与外围地区制度创新初始约束条件的差异

广东的制度创新初始模式是由外部变量(对外开放)拉动的。珠江三角洲与外围地区在对外开放各种条件和时间上的差异,使得它们制度创新的初始条件不同。从区域角度来讲,广东省制度创新的初始约束条件差异主要包括以下几个方面。

6.1.2.1 区位条件的差异

从自然地理条件来看,珠江三角洲与外围地区的自然条件差别甚大,珠江三角洲地区的自然条件相对优越。由于自然地理条件极大地决定一个地区的经济发展基础和对外开放基础,因此,制度转型的过程在区域选择上必然倾向于自然地理条件相对优越的地区。珠江三角洲的地貌状况以平原为主。外围地区中,东西两翼地貌以平原、丘陵、台地为主,北部山区以丘陵、山地为主。地貌状况的差异也导致交通状况的不同。可见,珠江三角洲与外围地区自然地貌的差异,很大程度上决定了开发的难易程度,是二者对外开放(引进外资)程度不同的重要原因。

从与外部的关系来看,珠江三角洲与港澳接壤的区位优势是十分明显的。广东在改革开放的时候正逢香港产业结构转型升级,港澳经济结构的高级化需要依托大陆,特别是珠江三角洲地区。于是大量资金涌进广东,主要流向珠江三角洲地区。因此珠江三角洲的潜在经济机会在于较方便地接受港澳产业转移,发展非国有经济。这导致:一方面,珠江三角洲的企业和政府接触市场经济的时间较早,接受和学习新制度的成本较低,在发展市场经济的过程中具有先发优势;另一方面,珠江三角洲在接受港澳地区的产业、资金转移以及为这些地区的企业提供加工配套具有地理上的优势。例如,20世纪80年代初,珠江三角洲就出现了大量的"三来一补"企业。这一外来推动力大大加快了珠江三角洲的工业化进程,并为后来大规模的农村工业化提供了原始的资本积累。另外,珠江三角洲是著名的侨乡,近65%的东南亚华人的祖籍位于这一地区,这为珠江三角洲吸引外来投资构筑了特殊的禀赋优势。相比较而言,外围地区的区位条件处于劣势,对外开放进程要落后于珠江三角洲。

6.1.2.2 开放意识的差异

历史上,珠江三角洲具有博采外来风俗文化之长的传统,是我国最早对外开放的地区,中西文化在这里长期交融、碰撞,加上珠江三角洲又是著名的侨乡,华侨文化的融入使其文化的许多方面都带有受外国文化影响的烙印。珠江三角洲具有善于从外部引进科学技术和新思想的意识,这使其开放意识最强。外围地区中,东西两翼面向海洋,海洋文化较为发达,其受外部文化影响程度也较高,开放意识也较强。尤其是东翼,由于人口密度高,历史上许多人为了谋生,远走他乡,故潮汕地区成为广东著名侨乡,便于积极输入和融合外来文化因子,加速本区发展进程。广东各地带中,开放意识较差的是北部山区。粤北交通闭塞,即使在交通路网沿线,某些地区土著文化也由于商旅过境而不留,少受冲击而长存下来,使该地区接受外来文化的开放意识较弱。

6.1.2.3 商业文化发展背景的差异

珠江三角洲的商业文化向来浓厚于广东其他地区,明朝时该地区就有许多士大夫"弃儒就贾",显示出该地区强烈的商品意识。16—19世纪,珠江三角洲的市场发育已达到了很高水平。珠江三角洲文化在许多方面都染有商业色彩,例如其茶文化就带有十分明显的商业倾向。可以认为,珠江三角洲地区发达的商业文化,正是其在改革开放以来能够较好地适应由计划经济向市场经济的过渡,获得迅速发展的重要原因之一。外围地区中以东翼地区的商业文化较为发达,潮汕人的经济头脑为世人所熟知,潮州商人闻名全国。显然,粤西的商业文化发展程度居于珠江三角洲之下。而粤北客家人原以中原土族为主体,完整地保留着中原"衣冠望族"的文化意识,具有自给自足、特立独行的气质和克勤克俭的性格与风尚,其商品意识明显不如珠江三角洲地区和潮汕地区。总之,由于受历史文化传统的影响,在历史上,珠江三角洲地区的商品经济和市场基础较为优越,外围地区商品经济和市场基础相对薄弱。

6.1.2.4 开放时间的差异

广东自1978年以来的对外开放一直采用分阶段和分地区推进的渐进模式。从开放的进程看,首先从沿海4个经济特区开始,接着推向沿海开放城市,进而波及经济开放区,最后遍及广东省各地。图6-1直观地描述了广东体制转型时期的地区开放进程。从图中可以看出,广东省的对外开放是一个由点及面的渐进过程。其过程可以分为以下四步。

第一步,办好点的开放。先办深圳、珠海两个经济特区,而后兴办汕头经济特区。中国最早设立的四大经济特区中,有两个(深圳和珠海)位于珠江三角洲地区。这至少从三个方面推动了珠江三角洲的对外开放:①深圳

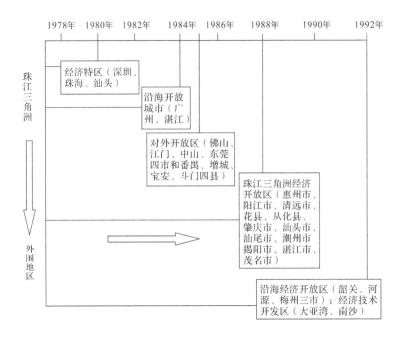

图 6-1　1978—1992 年广东区域开放进程

和珠海对外开放的发展直接表现为珠江三角洲地区对外开放的发展;②深圳和珠海的发展通过示范效应降低了珠江三角洲其他地区的学习成本;③深圳和珠海经济特区的设立为整个珠江三角洲经济区构筑了一种特殊的人才集聚机制,通过外溢效应为其他地区对外开放的发展提供了足够的人才保障。在办经济特区取得成功的基础上,经国家批准,又把广州、湛江列为沿海开放城市。

第二步,扩大片的开放。1985 年 2 月,经国家批准,广东把珠江三角洲的佛山、江门、中山、东莞 4 个市和番禺、增城、宝安、斗门 4 个县列为对外开放区。

第三步,继续推进片的开放。1988 年 6 月,经国家批准,广东把珠江三角洲经济开放区向南扩展到惠州市、阳江市,向北扩展到清远市、花县、从化县,向西扩展到肇庆市;同时,把东翼的汕头市、汕尾市、潮州市、揭阳市和西翼的湛江市、茂名市划为经济开放区。

第四步,实现广东省的全面开放。1992 年 8 月 29 日,国务院决定把韶关、河源、梅州 3 个市列为沿海经济开放区,实行沿海经济开放区的政策;同时,批准大亚湾和南沙为经济技术开发区。至此,广东实现了全省开放的格局。

　　总之,从区域开放条件来看,珠江三角洲地区凭借优越的区位条件、强烈的开放意识和浓厚的商业文化背景,使得制度创新中的对外开放必然首先从珠江三角洲地区开始。正是上述社会经济发展的非均衡和制度转型条件的区域差异决定了广东制度创新过程的区域渐进和梯度推进。

6.2　制度创新过程的分析

　　广东制度转型进程的区域渐进引致制度结构的区际差异,从地区结构上看,外围地区的传统计划体制衰减速度比较缓慢,导致新的市场经济体制的形成滞后;而珠江三角洲地区则相反。广东制度转型时期地区经济增长的制度环境和制度结构是非均质的。制度转型的渐进进程和区域梯度推进方式在操作技术上表现为制度安排的地区选择性和区际差异性。在自上而下的供给主导式制度变迁方式下,广东制度安排的总体特征表现为纵向推进、区域渐进和试点推广。制度供给主体只会在制度供给的潜在收益大于供给成本的地区实施制度变迁并形成相应的制度安排,珠江三角洲地区由于较为优越的区位优势,往往比外围地区更易获得政府制度创新的制度安排,外围地区却往往不具备这些条件而较少获得制度创新的制度安排,这样就形成制度创新在区域层次上的政府制度供给和制度安排的地区差异。下面将从三个阶段来具体分析珠江三角洲与外围地区在制度创新过程上的差异。

　　自 1979 年起,广东开始实行以开放政策为重点的市场导向型体制改革,加速了与外部世界的经济交流。根据广东省对外开放的进程,可以将广东制度创新过程的演进划分为三个阶段:1979—1984 年经济特区点的开放阶段,1985—1991 年珠江三角洲片的开放阶段,1992—2000 年广东省全面开放阶段。

6.2.1　1979—1984 年经济特区点的开放阶段

1979—1984 年,政府制度安排主要围绕出口加工区和经济特区进行,基本特点是通过实践总结经验,提高认识。主要内容包括:经济特区概念、经济特区选址、经济特区条例、经济特区的运作原则、经济特区的发展途径等。

1980 年 8 月,全国人大公布了《广东省经济特区条例》;1981 年 7 月,中央 27 号文件批转了《广东、福建两省和经济特区工作会议纪要》。这两个文件正式启动了经济特区的建设。在四个经济特区中,珠江三角洲的深圳和珠海特区发展最为成功,经济特区在一定意义上成为 80 年代珠江三角洲形象的代表。经济特区的制度安排主要有:①深圳、珠海应建成兼营工、商、农、牧、住宅、旅游等多种行业的综合性特区;②经批准进口的大部分生产消费资料免征关税,特区企业所得税税率为 15%;③企业职工实行合同制,工资区类提高到十类;④财政收入至 1995 年不上交,外汇收入超过 1978 年基数的增收部分五年内不上交;⑤土地开发收入归特区发展公司使用;⑥机场、海港、铁路、电信等企事业允许引进外资建设;⑦深圳、珠海特区以利用外资改造旧市区的老企业,其产品以出口为目标的,可享受优惠待遇。

在市场化转型的制度安排方面,珠江三角洲在利用外资、引进技术项目和地方自筹基建的审批权限上也具有很强的优势。对于生产性项目:广州市项目审批权限放宽到 1000 万美元以下,珠海市区、佛山、江门市放宽到 500 万美元以下,惠阳、肇庆市放宽到 300 万美元以下,县级市和县分别放宽到 150 万美元和 100 万美元以下。对于非生产性项目:外汇能自己偿还的,广州、珠海市区由市自行审批。在地方自筹基建方面,不论生产性或非生产性项目,广州市放宽到 1000 万元以下,珠海市区、佛山、江门市放宽到 500 万元以下,其他市、县级市、县分别放宽到 300 万元、150 万元和 100 万元以下。经济特区的投资规模,轻工业 3000 万元以下、重工业 5000 万元以下可以自行安排(1984 年 6 月)。

在这一阶段,珠江三角洲利用特殊的优惠政策,增加了地方自主权和开放度,允许多种经济成分并存,为整个珠江三角洲对外资的吸纳和大力发展非公有制经济创造了宽松的政策环境。优惠政策加快了境外近域制造业向珠江三角洲的迁移速度,使其得以借助优越的区位条件先行一步。

6.2.2　1985—1991年珠江三角洲片的开放阶段

1985年1月25日到31日,广东省时任省长梁灵光向国务院汇报提出了珠江三角洲开放区的设想意见:除广州、深圳、珠海三市已为开放区外,先从珠江三角洲的"小三角"(包括佛山、江门等10多个县市)搞起,取得经验,逐步扩大到"大三角"。这一建议在1987年11月21日得到国务院的批准,形成了珠江三角洲开放区。在这一阶段,开放形式由单一转向多元化。主要内容是:特区范围的扩大,开放区的形成;涉外活动类型多样,而且非政府主导型涉外活动增加;市场经济体制改革进入重要阶段;基础设施建设与区划调整起步。

在这一阶段,一些制度安排在全省范围内展开。在对外开放制度安排上,外围地区与珠江三角洲地区享有同样的优惠政策,主要表现在鼓励外商投资的重要措施上(1987年4月):①在批准的合同范围内,外资企业可以自筹、自用资金安排生产活动;允许外资企业在国内自办原料基地,可以跨行政区域与国内企业联营生产。②外资企业产品可自行出口。③对产品出口企业和先进技术企业,在减免税期间,免征地方所得税;期满后,先进技术企业除按国家规定延长三年减半缴纳企业所得税外,再减半缴纳地方所得税三年;对出口企业按以上减免企业所得税和地方所得税期满后,凡当年出口产品产值达到当年企业产品产值70%以上的,除按现行税率减半缴纳企业所得税外,仍可以减免地方所得税。④外资企业自行生产的出口产品(除原油、成品油等外)免征工商统一税。⑤缩短审批时间:项目建议书、可行性报告、合同、章程三十天内批复,批准证书在十天内核发。⑥保障外资企业的生产经营条件,解决对"三资"企业乱收费、乱摊派、乱罚款等问题(1989年5月)。

在对外资企业的引导上:①鼓励以现有厂房、场地、设备及配套设施作为合作条件与外商合作办企业;鼓励外资嫁接老企业和兴办外商独资企业

（1989 年 5 月）。②重点鼓励发展电力、港口、铁路、公路、机场、通信等基础设施项目和长期依赖进口的原材料工业项目，汽车、电子、电器的零部件和精密模具制造、热表处理等配套工业项目，电子信息、新材料、生物工程等新兴技术产业。具体在优先资金和物资进口、延长减税期限、加速回收投资股本、延长土地使用期限等方面给予优惠和补偿。③限制和禁止发展市场饱和、生产水平低、污染环境的项目（1990 年 6 月）。这些措施在全省范围内实施，反映了制度安排开始由点向面地渐进式铺开。

在这一阶段，珠江三角洲与外围地区在外贸外汇、税收和贷款的制度安排上仍存在差异。珠江三角洲进一步扩大经济的外向度，最典型的是以深圳为试点培育金融市场，成功建设了珠江三角洲的证券市场，形成更完善的区域金融环境。具体的差异表现在以下方面。

在鼓励外商投资上，客商将所得利润用于在特区内再投资为期五年以上者，可申请减免再投资的所得税。

在外贸外汇制度安排上：①积极扶植特区内属于工业制成品（包括内地初级产品在特区加工增值后的产品）的产品的出口；对特区出口区内生产的工业产品（包括加工增值在 20％以上的产品）的配额、许可证管理给予简化手续的方便（1986 年 1 月）。②特区中"三资"企业产品出口收汇和经营业务收汇，允许全部保留现汇（1986 年 1 月）。③试点行业的外贸公司（轻工、工艺、服装），经济特区、广州出口收汇 20％上缴国家，80％留给地方；试点行业机电产品出口收汇全部留给地方（1989 年 4 月）。④珠江三角洲对港澳出口鲜活商品，可以组织自负盈亏的地方性公司经营（1985 年 1 月）。

在税收优惠政策上：①内联生产性企业，在特区内按 15％的税率缴纳企业所得税。从获利年度起，如留在特区内扩大生产或兴办外向型工业，免除在内地补缴的所得税和调节税等（1986 年 1 月）。②珠江三角洲"三资"企业属于生产性项目和科研项目的，其企业所得税可以按现行规定的税率打八折征收。③珠江三角洲利用外资的能源、交通、港口项目和技术、知识密集型项目，或者外商投资在 3000 万美元以上、回收投资时间长的生产项目，其企业所得税按 15％征收，外商分得的合法利润汇出境外时免征汇出税。④珠江三角洲外资企业投资进口用于生产管理的设备免征关税或增值税,为生产出口产品而进口的原料物品免征出口关税和生产工商统一税(1985 年 1 月)。

在贷款政策及管理上:①允许特区银行向特区外和国外银行拆借资金,一些创汇能力强的企业,经批准也可以直接向外贷款。②在中国人民银行管理下,在深圳实行开放金融市场(1986 年 1 月)。③一般情况下不从特区抽调信贷基金。

总之,在这一阶段,对外开放的制度安排开始向全省推开。外围地区也获得了一系列的优惠政策,但在制度安排的利用方面与珠江三角洲地区存在着差距。珠江三角洲在外贸外汇、税收和贷款的制度安排上仍具有优惠条件,这些措施直接影响珠江三角洲产业结构的形成,并使 20 世纪 80 年代后期珠江三角洲的引资环境趋向成熟。

6.2.3　1992—2000 年广东省全面开放阶段

这一阶段,全省形成了多层次、多形式、多功能的全方位对外开放格局,初步建立起社会主义市场经济体制。各地全面推进和深化经济体制改革,在国有企业和政府经济管理部门进一步深化改革产权关系、投资机制、财税体制、市场机制等关键问题,建立起较为完善的市场体系。外围地区与珠江三角洲地区在针对外贸、外商、外资的优惠和管理政策安排,开发区的政策安排,私营(民营)经济的政策安排上享有同样的待遇。主要表现在以下几个方面。

在针对外贸、外商、外资的优惠和管理政策安排上:①对生产性外商投资企业,经营期在 10 年以上的,在享受《中华人民共和国税法》规定免减企业所得税期间,免征地方所得税;先进技术企业在按照国家规定延长 3 年减半征收企业所得税期间,相应免征地方所得税(1992 年 4 月)。②符合国家规定标准的外资项目,总投资在 3000 万美元以下的,由各市自行审批,总投资在 1500 万美元以下的,由各县审批(1992 年 5 月)。③向外商和外资开放农业领域(1993 年 3 月)。④对国家鼓励发展的国内投资项目和外商投资项目进口设备,在规定范围内免征关税和进口环节增值税

(1997年12月)。⑤从设立贷款贴息资金、支持来料加工、做好收费管理等方面鼓励扩大外资出口和利用外资(1998年6月)。⑥进一步改善外资企业的出口经营环境,被确认和考核合格的外资企业在确认期内可按核定的标准减征30%的场地费(1998年9月)。⑦经确认的外资高新技术企业,按15%的税率征收企业所得税,同时又是生产性的或是产品出口的企业享有其他更多的优惠政策(1999年6月)。

在开发区政策安排上:①颁布《广东省经济开发试验区管理暂行规定》,鼓励发展技术先进企业、生产性外向型企业、出口创汇型企业、服务业等实业,可采取"三资"、租赁等多元化的经营方式(1996年11月);②坚持以利用外资为主、以工业为主、以外向型经济为主的原则建设开发区(1996年12月、1997年2月)。

在私营(民营)经济的政策安排上:①鼓励民营科技企业的发展,企业享受国家、省关于高新技术企业、先进技术型企业、技术出口等税收及其他优惠待遇(1994年1月);②促进个体私营经济发展,支持私营企业与外商兴办合资、合作企业,私营科技企业开发的科技新产品审查后可享受高新技术产品的优惠政策等(1998年1月);③民营科技企业与国企一视同仁,企业资格认定之日起,2年内营业税、所得税返还企业(1998年10月);④实施"大经贸"战略,为私营外贸企业创造公平竞争的环境,企业可享受国家各项扶持外贸出口和利用外资的财政支持、收费减免、检验检疫等政策,非公有企业在外资流通领域的出资比例可大于49%,允许私营企业兼并国有、集体外经贸企业等(2000年8月)。

经过80年代改革开放的发展,珠江三角洲区域经济实力大增。对于珠江三角洲来说,在这一阶段,制度安排主要表现在"增创新优势,更上一层楼"方面。主要调整了涉及特区、外资、外商等活动的优惠政策,加大了市场经济体制改革深度和分量,重点转向基础设施、高新技术以及高等教育产业的改革,达到了全面提高外向型经济的结构层次。这一阶段,对珠江三角洲的制度安排主要是使珠江三角洲进入一个以"高新技术产业带动整体产业升级,农业示范区带动农业产业化,个别示范城市(深圳、顺德)带动全区域现代化"的发展时期。珠江三角洲更加重视区域整体产业水平的提高,将珠江三角洲建成全国最大的信息产业基地和重要的高新技术园区是一个明确的发展方向。在这种政策背景下,珠江三角洲开始在传统和新型的支柱产业中提高技术含量,对农业进行升级,加速农业的产业化建设。与外围地区相比,珠江三角洲在高新技术产业、农业产业化、现代化等方面的制度安排走在了前面。

在高新技术产业发展的政策安排上:①颁布《广东省国家高新技术产业开发区若干政策的实施办法》(1992 年 3 月)。②成立"广东省珠江三角洲高技术产业带指导委员会",审定高技术产业带中长期发展规划并确定重大政策措施(1992 年 7 月)。③要求努力办好广州、深圳、中山以及新开辟的佛山、惠州、珠海西区 6 个国家级高新技术产业开放区和珠江三角洲高新技术产业带,发挥它们的示范和辐射作用(1993 年 4 月)。④重点发展高科技产业的核心——电子信息产业,以珠江三角洲为先导,在较高起点上实施跨越式发展。在珠江三角洲信息化规划的基础上,从信息网络、信息产业、信息保障三个方面进行建设(1998 年 9 月)。⑤颁布《依靠科技进步推动产业结构优化升级的决定》,发展电子信息、电器机械、石油化工三大支柱产业,应用新技术改造提高纺织服装、食品饮料和建筑材料三大传统支柱产业(1998 年 9 月)。⑥加快珠江三角洲高新技术产业带的建设,重点发展电子信息、生物技术、新材料、光电机一体化、能源与环保、海洋开发利用产业及相关产业开发区(1999 年 8 月)。⑦建立高新技术产业发展的风险投资机制,深圳设立"高新技术企业板块"(1999 年 12 月)。⑧鼓励软件产业发展,税收实行"两免三减半"的优惠,在技术开放、产品出口、收入分配等方面给予扶持(2000 年 6 月)。

在农业产业化的政策安排上,将农业产业化作为科技兴业的重要内容,在珠江三角洲规划建设包括"星火技术密集区""可持续高效农业示范区"在内的十大现代农业示范区(1998 年 10 月、11 月),并建立农业现代化的评价指标体系(1999 年 7 月)。

在珠江三角洲现代化建设的政策安排上:①颁布《珠江三角洲经济区现代化建设规划纲要(1996—2010 年)》,从发展环境、战略目标、专题规划、主要政策等方面规划了区域的建设(1995 年 4 月)。②提出珠江三角洲经济区现代化建设的十大政策措施:加快体制改革、提高开放水平、优化产业结构、完善基础设施——加速信息化进程、推进可持续发展、强化城镇规划管理、开发人力资源、加强文化建设、健全民主法制,重点发展电子信息装备制造和软件业,鼓励企业从事技术创新活动,把珠江三角洲建成全国最大的信息产业基地(1999 年 7 月、11 月);③确定顺德市为率先实现现代化的试点市(2000 年 2 月)。

在这一阶段,制度的安排开始关注珠江三角洲与外围地区间产业的梯度转移,并继续推进工业向外围地区的扩散。①在工业方面,鼓励珠江三角洲以投资、技术转让、设备转让、组建企业集团及兴办分厂、车间等形式与山区发展横向经济联合。对该类符合国家产业政策的产业,经批准,从开办之日起,三年内免征所得税、产品税和增值税,三年后仍有困难的,可再申请减免(1993 年 1 月)。②在纺织业方面,鼓励纺织工业的初级加工能力向原料产区转移(1994 年 10 月)。③鼓励珠江三角洲加工贸易业向粤北山区转移(1998 年 12 月)。④2002 年广东省出台了《关于加快山区发展的决定》,计划在 2002—2007 年内安排 375 亿元,用于广东山区基础设施建设、减轻历史债务、生态建设和环境保护、扶持贫困地区教育事业等。

这一阶段,外围地区在对外开放的制度安排方面与珠江三角洲地区享有同样的政策,但珠江三角洲的产业结构已开始向高新技术产业转移,在高新技术产业的发展、现代化等方面的制度安排上,珠江三角洲仍然优先于外围地区。总之,从广东享有的"特殊政策,灵活措施"这一制度安排下的行为均衡看,广东采取的是区域梯度式推进的方式,来实现全面制度变迁的渐次演进。

6.3 制度创新模式的分析

珠江三角洲与外围地区制度安排的区际差异只是制度创新区际差异的一部分,另外还涉及制度创新模式的区际差异。珠江三角洲地区往往是制度创新的先导地区。从制度创新的动机角度看,珠江三角洲地区追求本地区经济快速增长和响应获利机会进行制度创新的动机往往强于外围地区。这样从主观上就形成制度创新模式的区际差异。从制度安排角度看，广东的制度创新是持续进行的具有突变性质的局部创新演化。局部单项制度的突变和整体制度体系的渐变，是确保广东在改革开放中持续稳定发展的重要条件。广东的各种改革并不是一开始就在全省大张旗鼓地进行，而是每项重大改革措施都从较小范围内试验，在取得成果并进行总结的基础上由点及面，逐步全面推广。从这两个层次上看，珠江三角洲地区由于是制度创新的先导地区，制度创新基本上进入良性循环的轨道，从而在市场体系的建设、所有制结构变革、价格体制变革、企业制度创新、价值观念更新、企业家精神培养等一系列制度创新上都取得了巨大成功，产生了一系列制度创新的模式。本节将重点介绍珠江三角洲制度创新的一些模式。

6.3.1　顺德市新一轮农村体制改革模式

6.3.1.1　改革的动因

从 1993 年开始，顺德市农村已经进行了三项根本性的改革：①完善土地承包制，实行"三改"，即改分包为投包、改长期承包为短期承包、改分散承包为连片集中承包，调动了农民的生产积极性。②建立股份合作制，全市建立起股份合作社 267 个，大部分村实行一村一社，进一步理顺了农村的经济利益关系。③推行了以撤区建村、村民自治为主要内容的农村政治体制改革，积极探索农村民主选举、民主管理、民主决策、民主监督的运作方式。通过实施这三大改革，进一步发展了农村生产力，促进了农村经济的稳步发展，农村面貌发生了深刻的变化。

随着市场经济的快速发展和城市化进程的加快，顺德市相当一部分农村在经济发展、社会管理、城乡建设等方面都显得相对滞后，越来越不适应市场化、城市化发展的要求，突出表现在"四个滞后"：一是市场经济观念滞后；二是管理滞后；三是改革滞后；四是城市化滞后。为解决这些问题，顺德市从制度上进行创新，突破现有的农村经济发展模式和行政管理体制，为农村的发展、建设和长治久安提供有效的保证。

6.3.1.2　改革的主要内容

改革的主要内容包括以下两个方面。

一是改革不适应市场化的农村集体经济管理办法。①固化股权。股份合作社的资产,按股权设置集体股占 20%、个人股占 80%。其中个人股部分,按 2001 年 9 月 30 日 24 时止在册的农业人口,包括外嫁女及其子女均可获一次性配置股份,固化股权,实行生不增、死不减,即股东的股份不再随年龄的增长而变化,新生婴儿与迁入的农业人口不再配置股份。股东迁出或死亡后,其股份可以转让、继承。②量化资产。股份合作社 80% 的个人股部分的资产和积累金量化,按固化股权后的股份额兑现到个人。至于 20% 的集体股及其收益,不得量化到个人,只能用于公共事务、福利事业开支。今后的征地补偿收入,留 20% 作为集体积累金,另 80% 按个人股份额量化到个人。③细化村级集体经济的管理。由各村按《公司法》的要求,组建村级集体资产管理公司,负责对村级集体资产的管理和运营,实行独立核算,自负盈亏。资产管理公司具有法人资格,接受村委会的领导。通过实行政企分开、政资分离,进一步强化村级集体资产的监督和管理。

二是改革不适应城市化发展的农村管理体制。①合并村。按照"合并自然村,建设中心村,重点发展小城镇"的原则,推进村的合并,扩大村的规模。②推进城市化改造。对市中心城区和镇建成区内的城中村以及位于城乡接合部、人均耕地面积低于全市人均水平 1/3 的村,进行城市化改造,将村改为居民区,村委会改为居委会,原村民的农业户口转为非农业户口,原属农民集体所有的土地转为国有土地。城中村经改造后,按城镇的管理方式和运行机制管理。原村民农业户口转为非农业户口后,享受城镇居民同等的待遇,履行同等的义务。③转变村委会和居委会的工作职能。村委会和居委会推行"定职能、定机构、定人员、定经费、定分配"的体制改革,实行政企分开、政事分离。村委会主要职责是协助镇政府的行政管理工作,办理本村公共事务和公益事业,调解民间纠纷,协助维护社会治安,指导股份合作社的工作,不能直接参与任何经济经营活动。④村委会和居委会成员的分配和办公经费由财政统一支付。全市村委会和居委会的办公经费和人员的报酬由市、镇财政给予补贴。

6.3.1.3 改革的成效

以上改革措施抓住了农村的主要矛盾,从源头上、根本上解决了农村的实际问题。通过改革,把股份合作社资产量化到个人,解决了群众最为关心的热点问题。村办公经费和干部的分配由市、镇财政支付,村干部有了一个比较好的分配方案,既有章可循,又有稳定的收入来源,不用搞违法、违规的收入来维持经费,这个改革是一大突破。总之,这种制度创新模式化解了农村社会矛盾,稳定了社会大局,发展了市场经济,加快了城市化和现代化建设的步伐。

6.3.2 珠江三角洲地区产权制度创新模式

产权是改革的核心,承认和保护多种财物产权的存在和发展是珠江三角洲经济迅速发展的重要一环,如东莞的"三资"为主,顺德的集体为主,南海的个体私营为主,都是基于当地条件的成功的产权制度安排,多种产权及其按要素分配有利于动员各种社会资源为改革发展目标服务(温思美、罗必良、尤玉平,1999)。实现有效的产权制度创新是降低交易成本或交易费用的途径(潘义勇,2001)。珠江三角洲作为广东改革开放的综合实验区,从自身的实际情况出发,在国有企业产权制度创新上进行了大胆而有益的探索,形成了各具特色的深圳模式和肇庆模式。

6.3.2.1 深圳市三层次国有资产管理经营模式

1987 年 7 月,深圳市成立了投资管理公司,这是全国第一家国有资产专门的管理机构。1992 年 9 月,又成立了深圳市国有资产管理委员会。1993 年 10 月,设立了市属企业国有资产管理办公室,逐步将投资管理公司承担的行政职能转移到国有资产管理办公室,初步实现了国有资产行政管理职能与资产运营职能的分离。1994 年 9 月和 1995 年 4 月,深圳市政府将市建设集团和市物资集团改制为资产经营公司。至此,深圳市形成了国有资产管理委员会、资产经营公司、国有企业三层次的国有资产管理、监督和运营体系的基本框架。

三层次国有资产管理、监督和运营体系是:第一层次是国有资产管理委员会,它是市政府领导下的国有资产管理职能部门;第二层次是国有资产经营公司,即从事国有资产产权经营的特殊法人和投资机构;第三层次是生产经营单位,包括国有独资、控股和参股企业。这三个层次的运行方式是:市政府以国有资产所有者的身份授权给市国有资产管理委员会,对全市国有经营性资产、非经营性资产和资源性资产进行统一管理和监督。国有资产管理委员会领导成员由市政府主要官员和各个职能部门负责人组成。然后,市国有资产管理委员会作为国有资产所有权总代表授权给市资产经营公司,委托它们行使所有权,这类公司属于企业性质,它们根据生产经营需要,运用手里资产,通过投资、控投、参股、兼并收购等多种方式,使其实现保值和增值。最后,市国有资产经营公司以出资人的身份分别投入各个生产经营性企业,使之成为自己的全资、控股和参股公司,形成以资本为纽带的母子公司关系,按照国家法律规定行使所有权和法人财产权。市国有资产管理委员会负责对授权公司或企业集团进行考核,具体由监事会实施,逐步实行管人与管资产相结合。由于这三个层次是通过由上而下的授权联系起来的,所以,深圳国有资产管理模式也被概括为"三级授权经营体制"。

深圳市改革国有资产管理体制的进步意义在于改变了政府与企业之间的关系基础,即由直接行政隶属关系变为出资人与经营者之间的委托—代理关系,相互之间是围绕着国有资产的保值增值的责任与权利签订契约合同的,这使企业以国有资产收益率最大化为基本的经营目标。

6.3.2.2 肇庆市注资经营责任制模式

所谓"注资经营责任制",是以单个原有国有企业为改革的基本单位,通过清产核资,确定原国有资产的产权归属和数量边界,市政府以原有企业的净资产入股,企业经营者和职工注资,从而使企业由原来的单一国有制转变为产权主体多元化的有限责任公司。其具体形式有:公司化改组、股份合作制、租赁经营等。通过这一改革可以达到以下目的:①使国有企业摆脱作为政府行政机构附属物的地位,真正成为自主经营、自负盈亏、自我发展、自我约束的法人实体和市场竞争主体。②使经营者和劳动者摆脱单纯受雇者的地位,形成受雇者和所有者的双重身份,实现劳动和资本的双重联合,构建企业、经营者和职工之间利益共享、风险共担的命运共同体。③使企业摆脱负债率过高、经营风险增大的困境,扩大经营规模,增加企业技术改造的投入,逐渐走上良性发展的轨道。这一模式的最大特点是以增资扩股带动产权重组,以保持原国有资产产权归属关系不变为基本前提,即一般不拍卖原有国有资产,而是采取吸收新的非国有资本的投入的办法来盘活原国有资本,以利于企业的启动、增值和发展。它走的是一条增量调整和边际改革的路子,这种增量调整和边际改革的好处是:外部条件要求不高,推行起来困难和阻力都比较小,容易在短期内收到实效(朱卫平,1999)。

6.3.3　顺德市政府制度创新模式

改革开放的实践证明:政府制度创新是引导和推动经济社会发展的强有力杠杆,而且越是接近具体环境,政府直接创新的动力越大,地方政府在改革过程中比较活跃的原因即在于此。从 20 世纪 80 年代中期起,珠江三角洲的地方政府就开始有意识地从企业的微观经营领域退出,将主要力量转向对地方经济的调节、监控以及软环境的创造等方面。这种先行一步的政府职能转变,不仅在很大程度上避免了因政企不分导致的对乡镇企业发展的严重制约,也进一步地为吸引外来企业和资金的进入奠定了基础,顺利地实现了由内缘型经济发展模式向外向型经济发展道路的转轨(林承亮,2000)。顺德市的政府制度创新是以产权改革为基础的政府职能转变。

从 1993 年下半年开始,顺德市政府借党政领导班子换届之际,对公有产权结构进行了战略性调整。按照"抓住一批、放开一批、发展一批"的原则,在资产评估基础上,对企业的产权结构进行了重组。顺德市的公有企业改制分为四种类型:①政府对一些基础产业、高新技术产业和专营性行业(如公路、电厂和水厂等)进行独资经营;一些房地产和外贸等效益比较好的企业也由政府控股。②政府对大量竞争性产业的企业通过转让股权,或由新的投资者注资扩股的方式,将企业改造成政府参股但不控股的股份有限公司。③政府将大量中小企业改造成企业职工持股的股份合作制企业。④政府将一些规模较小、长期亏损的企业公开拍卖给投资者。

在进行公有资产战略性调整的同时,围绕着政企分开这个中心,推进政府经济职能转换。首先,顺德市借鉴了深圳市的经验,建立三级公有资产管理、监督和运营体系,实现政资分开。顺德市政府先成立了公有资产管理委员会,负责公有资产的管理和监督。在此基础上,设立若干公有资产经营公司,由公有资产管理委员会授权,对公有资产进行经营运作和管理。其次,理顺政府、企业和银行的关系。面对原有企业过度负债的问题,顺德市由政府把已转让的公有资产集中起来,集中财力,综合配置,先用于偿还银行的债务,剩余部分用来建立社会保障体系、加强基础设施建设和加大战略产业的投资。最后,大力推进机构改革。顺德市政府在吸取了过去"先转变职能后精简机构"教训的基础上,提出了"先拆庙、减员再转变职能"的做法,确立了"一个决策中心、四位一体"的领导体制,撤销、合并和精简了机构。通过改革,顺德市党政机构由原来的 56 个减少到 32 个,部门内设的机构精简了 125 个;撤销了临时机构 100 多个,只保留了 20 个;公务员从原来的 1200 多人减至 900 人;镇级党政部门也从原来的 19 个减少到 16 个。

经过以产权变革为突破口的政府职能体制改革后,顺德市政府与企业关系发生了明显的变化。这集中表现在:政府在公有资产管理与整个社会的职能分开的基础上,能够集中力量对全社会经济活动进行管理。顺德市政府通过建立三级公有资产管理、监督和运营体系,把公有资产管理运营职能交给一个相对独立的组织机构,并使其从政府经济管理的一般职能中独立出来。其结果,一方面,公有资产管理运营部门的职能从原来的实物管理转变为价值管理;另一方面,政府也集中精力面向全社会进行管理。比如,原来主要管理国有企业的经委系统,经过改革,与乡镇企业局合并为工业发展局,专门负责对全市工业的行业管理和产业结构调整。工业发展局管理的范围由此扩大到整个社会上所有经济成分的工业企业。这样,不管是内资还是外资,不管是公营还是私营,让它们在同一起点上进行竞争,并用企业规模划分的等级替代原有的行政性等级。同时,新成立的公有资产委员会主要对公有资产进行价值形态管理。

6.4 制度创新程度的分析

广东制度创新是对外开放促进下的以发展非公有制为切入点的市场

化改革与创新。广东省自从实施制度转型以来,在社会经济领域发生了三大变化:一是传统计划经济向市场经济的转变;二是所有制结构由单元向多元转变;三是封闭经济向开放经济的转变。就制度创新的总体进程而言,在地区层次上,上述三个层次的制度创新具有不均衡性,表现出极大的地区差异。这是制度创新在地区层次上渐进演进过程的一种反映。因此我们可以从市场化程度、所有制结构转变、开放程度三方面来解析珠江三角洲与外围地区制度创新程度的差异。

6.4.1　市场化程度的比较

广东经济转轨过程实际上是一个经济运行机制由计划向市场转变的市场化过程,市场化作为经济体制改革的主要内容,成为广东经济制度创新的主要判断依据。市场化程度是反映制度创新程度的基本变量之一。市场化制度创新的过程就是在向市场经济体制转型的体制过渡时期,政府的行政职能同经济管理职能逐渐分离,政府对资源的配置逐渐让位于市场配置,使市场配置资源的功能在整个社会范围内得到充分发挥。市场化程度反映经济增长制度环境的变化,由于广东市场化过程是一个渐进的制度转型过程,在地区层次上其最为明显的特征是制度转型的区域渐进和梯度推进。因此,市场化在地区层面是不同步和非均衡的,存在市场化程度的区际差异。通过市场化程度的比较可以反映珠江三角洲与外围地区制度创新实现程度的差异。广东经济运行机制的市场化程度及其变化特征可以通过生产要素(资金、劳动力、土地等)配置的市场化和经济参数(价格、汇率、利率等)决定的市场化反映出来。这两个方面是相辅相成、互为条件的,两者中任一方面的缺失都将导致市场管制的失效。对广东制度创新过程中的地区市场化程度差异的判断也可以从这两个方面进行。

6.4.1.1　生产要素市场化程度

一是资金市场化程度。

在目前情况下,资金的市场化指数可以用全社会固定资产投资中"利用外资、自筹投资和其他投资"三项投资的比重来表示。因为这部分投资不同于国家预算内投资和国内贷款投资,其基本由市场导向决定,可以大致反映资金市场化程度。

从表 6-1 可以看出,珠江三角洲地区的资金市场化程度总体上高于外围地区,但差距不大。主要原因在于珠江三角洲由于经济总量的规模很大,集中了全省大多数大中型企业的项目,这些项目的资金来源许多是由国家扶持的,是非市场化的。而且外围地区固定资产投资的增长很大部分是珠江三角洲地区产业向外围地区转移的结果,从而提高了外围地区的资金市场化程度。因此,如果考虑到以上两个方面的因素,实际上珠江三角洲地区资金市场化程度比外围地区要高出许多。从历史上看,珠江三角洲的资金市场化程度一直都高于外围地区。如 1983 年珠江三角洲资金市场化程度为 48.0%,而东西两翼为 39.7%,北部山区为 45.8%。1985 年珠江三角洲资金市场化程度为 66.5%,而东西两翼为 50.3%,北部山区为 60.0%。1993 年珠江三角洲资金市场化程度达到 77.3%,而东西两翼为 69.8%,北部山区为 66.3%。

表 6-1　1999 年广东各地市资金市场化指数

地市	珠江三角洲地区								
	广州	深圳	珠海	佛山	江门	中山	东莞	惠州	肇庆
资金市场化指数	75	86	86	59	83	93	74	88	85

地市	粤东				粤西			北部山区				
	汕头	潮州	揭阳	汕尾	湛江	茂名	阳江	韶关	河源	梅州	清远	云浮
资金市场化指数	83	49	86	70	65	39	86	54	89	93	60	57

注:汕头用城镇集体以上单位固定资产投资额计算;揭阳用基本建设和更新改造资金来源的数据计算。

资料来源:广东省各地市 2000 年统计年鉴

另外,上市公司发行股票是资金市场化筹措的重要途径。2000 年,广东省发行 A 股共 4303474 万股,其中珠江三角洲占 92.1%;全省发行 A 股市价总值为 6082.89 亿元,其中珠江三角洲占 93.0%;全省流通 A 股筹资 122.12 亿元,其中珠江三角洲占 87.4%。这些数据反映出珠江三角洲资金来源的市场化程度要高于外围地区。

二是劳动力市场化程度。

1978 年以前,严格的户籍管理使劳动力的流动近乎为零,劳动力的配置完全由行政支配。因此,可以用是否受行政管制来评估劳动力要素的市场化程度。

陈鸿宇(2001)将劳动力分为农业劳动力和城镇劳动力两方面,并对广东不同地区的劳动力市场化程度进行了分析。他将从事国家订购任务生产的农业劳动力计算在非市场化之内。20 世纪 80 年代中期以后,由于农业生产力的提高,农业劳动力加快流动,从事粮食生产的农业劳动力中,完成国家订购任务和自给的各占一半左右,而渔、林行业的价格逐步放开,从事这些行业的农业人口已是市场条件下的劳动力。根据经济作物在各年农产品产值中占的比例,结合农业生产率的提高和从事经济作物生产的劳动力逐步增加等情况进行估算,得出 1985 年、1988 年、1992 年、1997 年广东不同地区劳动力的市场化程度(表 6-2)。由表 6-2 可以看出,改革开放以来,珠江三角洲的劳动力市场化程度一直都高于外围地区。

表 6-2 1985—1997 年广东不同地区劳动力市场化程度

单位:%

地区		1985 年	1988 年	1992 年	1997 年
全省		35.0	44.8	55.5	70.7
珠江三角洲		41.0	49.1	63.1	77.8
外围地区	东西两翼	37.8	44.6	56.1	68.9
	北部山区	25.0	37.1	51.9	63.2

资料来源:陈鸿宇,2001.区域经济梯度推移发展新探索.北京:中国言实出版社:150.

三是土地市场化程度。

改革开放以后,工业用地逐渐进行有偿使用。农业用地则一直由国家控制,联产承包责任制只是明确了土地使用权,没有说明是否可进行土地经营权的转让。20 世纪 90 年代,珠江三角洲兴起了农村股份合作制,农民以土地为股参与分配,在一定程度上可视为市场化,而这主要发生在珠江三角洲。另外,外资企业用地方式是以土地入股投资或向外商出售土地使用权,这是发生在国家与外商之间的,可视为市场化。珠江三角洲是广东外资企业的集中地,土地的有偿使用相应较高。从这两方面可以反映出珠江三角洲的土地市场化程度要高于外围地区。

各地市当年实现流转土地面积中进行土地使用权出让的比重可以反映出珠江三角洲的土地市场化程度高于外围地区。2000年,广东省共流转土地6858万平方米,其中87.4%位于珠江三角洲,使用权出让的土地有5542万平方米,其中90.4%位于珠江三角洲。根据土地使用权出让比重,计算出2000年广东省土地的市场化率为80.8%,珠江三角洲为83.6%,而外围地区为61.7%。

6.4.1.2 经济参数市场化程度

经济参数市场化程度用工业品价格的市场化来代表,它表示所有工业品价格中不是由国家定价的比重。在此仅选取各地市的煤炭采选业、石油和天然气开采业、黑色金属矿采选业、有色金属矿采选业、非金属矿采选业、其他矿采选业、电力蒸气热水生产供应业、煤气的生产和供应业、自来水的生产和供应业在工业总产值中所占的比重,利用排除法对珠江三角洲与外围地区的工业品价格市场化程度进行推算。这几个行业的价格仍由政府管制,2000年其产值在珠江三角洲和外围地区的工业总产值中分别占8.1%和14.8%。我们无法对所有实行管制的行业进行精确统计,但是从以上的数据可以推断,珠江三角洲工业品价格的市场化程度约为90%,外围地区约为80%。这是因为珠江三角洲的轻工业较发达,外向型明显,而山区地带受政府管制的冶炼业和采掘业在工业中所占的比重较大。

由以上分析我们可以得出:从地区层次上看,广东地区市场化程度存在差异,珠江三角洲由于相对优越的区位条件和市场化基础,加之是改革开放的先导地区,因而在市场化的广度和深度上都达到相当规模。外围地区由于制度创新进程的相对滞后和市场化基础的相对不足,市场化广度和深度低于珠江三角洲地区,从而使广东市场化的总体水平存在依珠江三角洲、外围地区两大地区递减的区域动态演进特征。从计划经济向市场经济的转型过程来看,制度变迁的珠江三角洲先行,使珠江三角洲的市场经济制度创新进程远远快于外围地区。

6.4.2　所有制结构转变的比较

制度创新会带来所有制结构由单元的公有制向多元的国有经济与非国有经济共同发展转变。广东微观经济层次上的制度创新,主要表现为适应市场竞争的非国有企业部门的再造。非国有企业部门主要由三种类型的企业构成,即集体企业、城乡个体私营企业和外商投资企业。随着社会主义市场经济体制的逐步确立,除国有经济、集体经济以外的其他经济类型,以其灵活的体制和经营方式快速地发展起来,成为广东经济中最具活力、增长速度最快的经济主体,并带动整个国民经济的高速增长。非公有制经济的发展,实现了投资主体的多元化和资金来源的多样化,解决了在向工业化推进阶段迫切的资金投入问题。而且,非公有制经济历史负担较轻,体制灵活,并直接面向市场,效率较高。可以认为,除公有制以外的其他经济类型的发展状况如何,在很大程度上反映了某个地区在制度创新和市场化方面的进展,因为这些经济类型一开始便是面向市场的。因此,以所有制结构为主要表征的产权制度必然成为解析转型时期制度创新的重要变量。

6.4.2.1　所有制结构的现状

表 6-3 为 2000 年按经济类型划分的广东各区域工业企业单位数及其比重。可以看出,从绝对数来看,全省共有除国有经济和集体经济以外的其他经济成分的企业单位 12217 个,其中珠江三角洲占了 85.7%,这一比例要远高于外围地区。珠江三角洲的其他经济成分的企业单位占企业单位总数的比重最高,分别比全省平均和外围地区高出 6.3 百分点和 28.3 百分点,而外围地区的国有经济比重较高,分别比全省平均和珠江三角洲高出 17.9 百分点和 23.1 百分点。

表 6-3　2000 年珠江三角洲与外围地区工业企业按经济类型划分的单位数及其比重

区域	企业单位数/个				比重/%		
	总计	国有及国有控股	集体	其他经济成分	国有及国有控股	集体	其他经济成分
全省	19695	3320	4158	12217	16.9	21.1	62.0
珠江三角洲	15322	1796	3057	10469	11.7	20.0	68.3
外围地区	4373	1524	1101	1748	34.8	25.2	40.0

资料来源:《广东统计年鉴 2001》

从产值及其比重来看,表 6-4 反映了 2000 年珠江三角洲与外围地区工业企业按经济类型划分的工业总产值及其比重。可以发现,珠江三角洲其他经济成分的工业总产值的比重高于外围地区 9.8 百分点,也远远高出珠江三角洲国有经济和集体经济的工业产值及其总和。珠江三角洲非公有制经济工业总产值已接近珠江三角洲工业总产值的 70% 和全省工业总产值的 55%。可见,非公有制经济在珠江三角洲经济中占有重要的地位。而在珠江三角洲的非公有制经济成分中,外商与港澳台投资经济无疑是最引人注目的部分,也是 1978 年以来所有制结构变革中最为深刻的部分。外商与港澳台投资在珠江三角洲与外围地区之间呈现明显差异。2000 年,全省实际利用外资的 86% 分布在珠江三角洲,外商投资企业的 87% 分布在珠江三角洲。外商与港澳台投资经济作为非公有制经济的主要组成部分,其在区域间的差异成为各区域所有制结构差异的重要原因,而各区域非公有制经济总量及其在所有制结构中的比重不同,正是广东区域间经济差异的重要原因。

表 6-4　2000 年珠江三角洲与外围地区工业企业按经济类型划分的工业总产值及其比重

区域	工业总产值/亿元				比重/%		
	总计	国有及国有控股	集体	其他经济成分	国有及国有控股	集体	其他经济成分
全省	12480.93	3126.12	1202.49	8152.32	25.1	9.6	65.3
珠江三角洲	10132.04	2422.56	905.12	6804.36	23.9	8.9	67.2
外围地区	2348.89	703.56	297.37	1347.96	30.0	12.7	57.4

资料来源:《广东统计年鉴 2001》

6.4.2.2　所有制结构的演变

图 6-2 是以工业总产值的形式反映的珠江三角洲地区所有制结构的变化状况。从产值的绝对量上看,1995—2000 年,除了国有经济和集体经济之外,珠江三角洲其他经济成分均有较大幅度的递增,反映了非国有经济成分处于快速发展阶段。以 1995 年为基年、2000 年为目标年计算,珠江三角洲国有经济的年增长率为 3.4%,集体经济为 0.04%,股份制经济为 43.9%,外商投资经济为 25.3%,港澳台投资经济为 21.4%。虽然港澳台投资数额最大,但股份制经济的增长率最高,外商投资经济的增长率也高于港澳台投资。而外围地区非国有经济的年均增长率(1995—2000 年)要低于珠江三角洲地区,其股份制经济的年增长率为 26.1%,外商投资经济为 18.2%,港澳台投资经济为 16.5%。

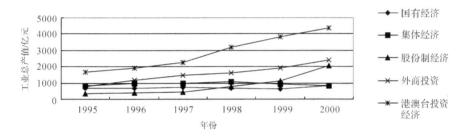

图 6-2　1995—2000 年珠江三角洲不同所有制形式企业的工业总产值

由以上分析可得:在制度创新进程中,制度环境的建立和完善是私有经济快速增长的前提和条件。随着经济市场化程度的不断提高,越来越多的集体企业将会失去比较优势,从而开始向私人基础的所有权转变,这样国有经济的相对份额将会持续下降(谢武、陈晓剑,2002)。从所有制结构的转变来看,制度创新进程的区际差异使所有制结构的转变在地区层次上存在较大的区际差异,珠江三角洲地区已经逐步从体制改革前的单一所有制转变为多种所有制形式并存的多元所有制结构,非国有经济的发展成为推动该地区经济快速增长的重要原因。而外围地区的所有制结构转型的进程相对滞后,非国有经济的发展速度相对较慢,从而形成所有制结构转型进程的区际差异。

6.4.3　开放程度的比较

广东省的制度创新是在外部变量引入的情况下发生的。开放程度反映了制度创新外部作用力的大小,也反映了经济增长环境变迁的状况。开放程度是一个地区的经济发展过程对外部环境的依赖程度,它反映了一个地区对优惠政策、制度安排的利用程度以及对本地区改善投资环境制度安排的利用程度。从 1978 年开始的广东改革开放进程,实质上也是广东经济不断融入世界经济主流的过程。这一过程最重要的结果,便是广东经济的开放程度不断提高,对外贸易和利用外资成为推动广东经济持续高速增长的最重要原因之一。广东的制度创新的一大特点就是创造各种优惠条件、政策来扩大对外开放,包括对外贸易和吸引外资两个方面。

6.4.3.1　对外贸易

经济的外向程度在广东各区域间存在很大的差异,并由此影响到各地经济增长程度。表 6-5 反映的是珠江三角洲地区外贸出口总额占全省的比重,1995—2000 年,其比重都在 82％ 以上,到 2000 年达到最高值92.19％。由此可见,珠江三角洲对外贸易的发展程度远远高于外围地区。

反映一个国家或地区经济开放程度的重要指标是外贸依存度和出口依存度。表 6-6 列举了 2000 年珠江三角洲与外围地区的外贸依存度和出口依存度,可以看出,广东开放程度的不平衡性十分显著,2000 年珠江三角洲的出口依存度接近 1,说明出口总值已接近国内生产总值,反映出珠江三角洲经济明显的外向型特征,贸易成为推动珠江三角洲经济增长重要的甚至是主要的力量。比较而言,外围地区的出口依存度和外贸依存度不仅明显低于珠江三角洲的水平,也明显低于全省的平均水平。总的来看,广东各区域间经济外向程度差异十分明显,珠江三角洲经济开放程度要远高于外围地区,外贸在珠江三角洲经济中占有突出的地位,外贸增长是其经济增长的主导力量。

表 6-5 　1995—2000 年珠江三角洲外贸出口总额

年份	外贸出口总额/万美元	占广东省的比重/%
1995	4610600	82.82
1996	5373500	90.55
1997	6671700	89.47
1998	6627800	87.65
1999	6743900	86.79
2000	8474100	92.19

数据来源:1996—2001 年《广东统计年鉴》

表 6-6 　2000 年珠江三角洲与外围地区外贸依存度和出口依存度

	珠江三角洲	外围地区	全省
外贸依存度	1.75	0.43	1.46
出口依存度	0.95	0.18	0.79

注:外贸依存度=进出口总值/GDP;出口依存度=出口总值/GDP;按 1 美元=8.27 元人民币折算。

资料来源:根据《广东统计年鉴 2001》相关数据计算而得

6.4.3.2 　吸引外资

外资作为一种国外的要素供给,一国(区域)利用外资的状况反映了其利用国外的资源促进本国(区域)经济增长的能力。从珠江三角洲与外围地区实际利用外资的情况来看,两大经济地域间亦表现出明显的差异。表 6-7 为珠江三角洲实际利用外资的情况,可以看出,1980—2000 年,外围地区与珠江三角洲实际利用外资的绝对差距不断扩大,珠江三角洲是实际利用外资增长的地域,而外围地区实际利用外资占全省的比重却在下降。作为经济开放程度的一种重要指标,珠江三角洲与外围地区实际利用外资额的差异反映了它们在开放程度以及利用外资能力方面的显著差异。

表 6-7   1980—2000 年珠江三角洲实际利用外资情况

年份	实际利用外资/万美元	占广东省的比重/%
1980	10115	47.27
1985	73895	80.40
1986	94663	66.28
1987	82077	67.46
1988	138444	56.75
1989	144037	60.04
1990	154140	76.19
1991	209597	81.16
1992	326557	67.17
1993	632339	65.51
1994	816623	71.34
1995	860266	71.09
1996	1003984	72.23
1997	1123066	79.06
1998	1097709	72.70
1999	1190003	82.22
2000	1254100	86.04

资料来源:根据《广东统计年鉴2000》《广东统计年鉴2001》《广东五十年》相关数据计算而得

以上分析表明:1978 年以来,广东率先实行对外开放政策和一些特殊的优惠政策,但各地区对外开放程度表现出明显的不平衡性。珠江三角洲地区借助区位优势和政策优势,经济外向程度明显提高,实际利用外资水平大幅度提高,而外围地区的经济外向程度相对较低。

由此也说明,从封闭经济向开放经济的转变过程来看,广东对外开放是一个典型的由局部带动的制度扩散的渐进过程。在改革的起步阶段,选择珠江三角洲地区为对外开放的战略重点,除了在开放的需求方面珠江三角洲地区的比较利益较大以外,在开放的供给方面珠江三角洲地区也具有较大的比较优势。由此,区域开放的进程率先从珠江三角洲地区开始,逐步波及外围地区,形成开放格局的梯度推进方式。率先开放的先导作用,特别是经济特区和沿海开放城市的定位,使珠江三角洲地区总体经济开放的广度和深度不断扩展,从而达到了较高的开放度。而外围地区由于开放进程的相对滞后,不仅经济开放的总体水平较低,而且开放层次也相对较低。

总之,市场化程度、所有制结构转变和开放程度等制度变量是体制转型时期反映制度创新程度的重要因素。广东省的制度创新程度在珠江三角洲地区和外围地区之间存在较大的差异,相比较而言,珠江三角洲地区制度创新的程度、水平和规模都远远高于外围地区。

自 1978 年开始实施制度转型以来,广东的总体经济增长水平不断提升,但同时,地区经济增长的分化也日益突出。其根本原因在于:制度转型时期地区经济增长中的制度内生性及其制度资源在地区分布上的非均衡性对地区经济增长产生很大影响。因此,要完整地解释制度转型时期的区际经济非均衡增长,就必须考察制度创新的区际差异。根据上述分析,我们可以得出如下结论:①珠江三角洲与外围地区制度创新的初始约束条件是不同的,主要表现在区位条件、开放意识、商业文化发展背景、开放时间的差异上;②广东制度转型时期地区经济增长的制度环境和制度结构是非均质的,在渐进式制度变迁方式下,不仅存在着制度创新进程的区际差异,而且还存在制度安排和制度创新模式的区际差异;③制度安排及其利用程度是经济增长的内生变量,珠江三角洲在制度安排及其利用程度上要优于外围地区;④制度创新的地区分布不均衡,珠江三角洲地区往往是制度创新的先导地区,形成了一系列制度创新的模式;⑤珠江三角洲与外围地区在制度创新的程度上存在差异,主要表现在市场化程度、所有制结构转变、开放程度三方面的差异上。总之,珠江三角洲与外围地区在制度安排、制度创新模式和制度创新程度上存在差异。要缩小这种差异,可供选择的路径必然是加快改革和制度转型的步伐,尤其是加快外围地区改革和体制转型的速度,以改善其经济增长的制度环境,从而促进区域经济均衡发展。

珠江三角洲与外围地区创新的
扩散与协调

经济地域是一种空间概念,具有一定的地域范围。其地理规定性区别了经济地域内与经济地域外。对于每个特定的经济地域来说,如果舍去地域内部的差异性,将其视为同质区,那么,经济地域内部就具有同一性;相应地,外部经济地域作为异质区,经济地域内部与外部就具有不同的经济特征。显然,与具有同一性质的经济地域内部相比较,经济地域外部既有优于经济地域内部的方面,也有劣于经济地域内部的方面。正是由于存在着发展因素的差异,扩散才成为可能。经济地域是开放的系统,在地域经济发展过程中,由于存在差异,经济地域的内部与外部之间总是会相互影响、相互作用,在相互渗透中达到区域扩散的目的。也就是说,在两个经济地域之间存在着知识和制度等内生因素发展水平的差异,必然会带来区域扩散。第5、6章分别探讨了珠江三角洲与外围地区知识创新水平和制度创新程度的差异,因此珠江三角洲与外围地区之间存在着创新的扩散。

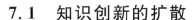

7.1　知识创新的扩散

7.1.1　知识创新扩散的条件：创新梯度

经济地域发展是不平衡的，在空间上形成了核心区域和边缘区域。而经济发展是通过一种不连续的、累积的创新过程而实现的。经济发展通常起源于经济地域内具有较高相互作用潜力的少数的"创新中心"，创新由这些中心向周边创新潜力较小的区域扩散，周边地区依附于创新中心获得发展。创新变革的主要中心被称为核心区，特定空间系统内的其他地区则被称为边缘区。核心区与边缘区共同组成一个完整的空间系统。由此可见，创新（知识创新和制度创新）能力的不同形成了核心区和边缘区，即经济发达地区与不发达地区。而创新活动在空间上存在明显的梯度变化，这就是创新梯度。创新梯度高的区域，其主导产业部门主要由处于创新阶段或发展前期的兴旺部门所组成，区域创新系统的各要素往往创新能力较强，要素间相互作用大，因而系统的创新能力与创新效率高。创新梯度低的区域，主导产业部门主要由处于成熟阶段后期和衰退阶段的衰退部门所组成，区域创新系统的各要素往往创新能力较弱，尤其是要素间相互作用小，因而系统的创新能力与创新效率低。区域经济的盛衰主要取决于区域产业结构的优劣，而产业结构的优劣又取决于地区经济部门特别是主导专业化部门在产业生命循环中所处的发展阶段，因此，创新梯度高的区域一般是经济发达地区，创新梯度低的区域一般是经济欠发达地区（顾新，2001）。经济地域客观存在的创新梯度是经济地域发展创新扩散的必要条件。

7.1.2　知识创新扩散的实现形式

在经济发展初期，经济的发展以外生的资源利用为基础。由于生产率水平很低，交易费用很高，分工水平和商品交换不发达，经济集聚的规模和城市的影响有限,地区之间联系有限,大量自给自足的地方经济彼此孤立地存在(杨开忠,1993)。

随着经济发展,一些地区因具有更好的自然条件,拥有更强的知识创新能力,从而具有更高的分工水平和生产率,成为地区性的集聚区,形成了传统的核心—边缘结构。核心区与边缘区之间的分工以部门空间分工为主,即以不同的企业生产不同的产品为基础进行区域分工。这个时候,核心区向外围区的扩散主要以产品扩散为主。由于区域差异的客观存在和比较利益的作用机制,社会生产客观地形成了劳动地域分工的区域格局,某些产品的生产就具有一定的空间集中度,而社会对产品的需求又是分散的,这样,生产的集中和需求的分散必然导致产品的区域扩散。如果将产品划分为初级产品、中间产品和最终产品三个层次,那么,一般说来,核心区多将初级产品和部分中间产品的生产扩散到外围区。对外围区而言,通过产品的生产,接受了核心区知识创新的扩散,从而在一定程度上改良了区域内部产品的品质,培育了区域经济发展的内在机制,推动了区域经济的发展。在这一阶段,知识创新的扩散表现为产品的扩散。如 20 世纪 80 年代珠江三角洲向外围区的扩散就是处于生产零部件及产品扩散阶段。珠江三角洲把一些配套的生产交给外围地区,如郁南县的电线厂为中山威力洗衣机生产引线,梅县的磁性材料厂为广州万宝集团和顺德容声冰箱生产冰箱门的密封橡皮磁条等。另外,珠江三角洲的一些劳动密集型产品也向东西两翼和北部山区扩散,如纺织品、鞋类、服装、玩具、电子产品等。

随着技术的进一步发展,知识的作用越来越显著。知识和技能的创新能力的不同导致了区域之间的分工逐渐转向产业间的分工。一般来说,外围区自然资源丰富、劳动力资源相对丰富,资本、技术相对不足,缺乏创新力,其发展主要以自然资源密集型产业和劳动密集型产业为主。这里的自然资源密集型产业主要是传统的以资源为基础的钢铁、化工、食品制造等产业,劳动密集型产业主要是处于产品生命周期成熟阶段的生产环节和新兴产业生产过程中的劳动密集型生产环节。而核心区由于知识创新方面的优势,创新能力强,其发展主要以技术密集型产业为主。这个时候,核心区的扩散主要以产业扩散为主。区域经济的发展过程也是区域产业结构高度化的演变过程,当区域经济发展到一定程度,区域产业结构将会发生由较低层次向较高层次的产业置换。但是,一个区域的产业转换既受到其他区域的影响,又会波及其他区域,这样,区域产业置换也形成并推进区域间的产业扩散。这种扩散的区域指导是产业层次较高的核心区向产业层次较低的外围区的扩散,这种扩散由产业置换所引发,又会推动产业置换。对外围区来说,接受核心区的产业扩散会推动自身进行产业升级,使产业结构在更大范围、更深层次上逐步得到改良,形成区域发展的新机制,区域经济就能进入起飞阶段。对核心区来说,对外围区的产业扩散能使区域内部进行产业置换,推进产业结构的更高层次的演变,从而在更大程度上提高区域内部的生产品质,增强区域发展的内在机制,区域经济就会进入更新的发展阶段。在这一阶段,知识创新的扩散表现为产业的扩散。

由此可见,经济的发展和技术水平的提高,催生了区域扩散新的决定模式,区域的生产能力很大程度取决于其所内生决定的知识的创新能力。区域扩散的决定因素主要是区域内生比较优势。知识创新扩散的实现形式由产品扩散转变为产业扩散。下面,通过具体分析珠江三角洲向外围地区产业的扩散来反映知识创新的扩散。

7.1.3 知识创新扩散的推拉力模式

知识创新扩散的推拉力模式着眼于研究扩散的原因。我们假设核心区(相对发达的区域)的产业可以分为两类:第一类是发展的重点,为主导产业;第二类为打算转移出去的产业。它们的知识创新水平分别用 A_1、A_2 表示。在这里,A_2 向外围区(相对不发达的区域)转移的原因是:核心区创新能力强,但区域空间有限,从而限制了内部因素作用功能的进一步释放和区域经济的进一步发展,而它与不发达地区所形成的创新梯度,容易引致某些内部因素的溢出,这些因素在更大的区域空间发挥作用,不仅带动了外围区的发展,而且开拓了本区域的发展空间,区域经济可在新基础上得到更快的发展。与此同时,通过 A_2 的转移,会形成一种赶超压力,即核心区将具有 A_2 水平的知识创新转移到外围区时,由于担心被追赶而会加快提升 A_1。由此可见,对于核心区,由于在发展中形成了一些消极因素,如劳动力成本上升、环境状况恶化等,为了使区域的生存和发展的空间得到扩展,需要进行结构的调整,通过结构的调整在很大程度上实现了知识创新水平的提升。也就是说,核心区由于进一步发展中形成了种种限制性因素,这些因素会形成推力把一些知识创新、产业推出核心区,从而在赶超压力的作用下实现知识创新水平的提升。

我们也假设外围区的经济可以划分为两个部门:第一类为引进知识创新的产业部门;第二类为其他产业部门。它们的知识创新水平分别用 A_3、A_4 表示。A_3 的引进可以通过知识溢出、知识的传播与扩散来促使 A_4 的提升。通常可以用阿罗(Arrow)提出的"传染病"模型来描述这种影响,即 A_3 与 A_4 的差距越大,A_4 就越容易被"传染"或提升速度就越快。A_4 的提升也带来资本结构和产业结构的变动。由此可见,对于外围区来说,这类区域因缺乏经济起飞的激发因素而发展缓慢,但它与核心区在经济发展能力方面所形成的创新梯度,容易引致外部因素(转移来的知识创新和产业)的进入,从而激发区域内部产业和知识的变化,区域经济便能较快地进入起飞阶段。在这一过程中,外围区通过种种积极因素形成拉力,把核心区转移来的知识创新和产业吸引过来。这种拉力的积极因素主要表现在两个方面:一是外围区为了实现经济的起飞,有对知识创新扩散的需求,从而通过知识创新的变化推动结构的调整;二是与核心区相比,外围区在劳动力、土地等方面具有优势,可以吸收由核心区转移来的知识创新和产业。

由以上分析我们可以得出区域知识创新扩散的推拉力模式(图 7-1):核心区在发展中的一些限制性因素形成推力,把一些知识创新、产业(A_2)推出核心区,从而推动经济向更高层次发展;而外围区由于对知识创新转移的需求,会通过一些积极因素形成拉力,把核心区转移来的知识创新和产业(A_3)吸引过来,而 A_3 的提升将通过溢出效应使 A_4 提升,从而推动结构的调整。

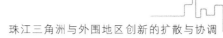

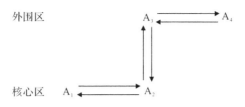

图 7-1 区域知识创新扩散的推拉力模式图

图 7-1 中，A_1、A_3 分别表示核心区和外围区第一类产业的知识创新水平，A_2、A_4 分别表示核心区和外围区第二类产业的知识创新水平。"→"表示传染或溢出效应，"←"表示赶超压力，"↑"表示知识创新扩散的供给，"↓"表示知识创新扩散的需求。

在推拉力模式中，核心区对外围区的影响居于主导作用。核心区和外围区内部发生变化的过程表现为：在开放区域之间，知识创新总是由核心区向外围区渗透和推进，在一定层次和一定程度上改造那些相对落后的区域，并对落后区域的资源与要素配置、产业结构、就业结构、企业组织结构、技术、管理等方面产生积极影响，引发一系列的波及效应，从而推进了外围区的经济发展。而对于核心区来说，通过知识创新的扩散，区域限制性的因素转化为区域内部发挥功能的可利用因素，区域的生存和发展空间由区域内扩展到区域外，使区域经济得到新的发展。由此可见，在推拉力模式中，无论是核心区的推力，还是外围区的拉力，都符合两类区域的根本利益，因而都与区域利益相联系，对核心区与外围区的经济发展都有重要的促进作用。这个特征表明，区域知识创新扩散的推拉力模式是缩小区域差距的机制，推力与拉力的并存和持续演进，会抑制区域差距的扩大，逐步缩小区域差距。因为：一方面，外围地区在吸收核心区转移的知识创新和产业过程中，区域内部不断发生量变和质变，在一定范围和一定程度上更新区域发展条件，逐步产生新的具有活力的区域发展机制，经济发展的质量和效益不断提高，与核心区的差距就会逐步缩小；另一方面，核心区在向外推出知识创新和产业的过程中，通过经济发展的空间拓展，影响并改造相对落后的区域，区域内部越发达，对不发达地区内部性的影响和改造程度就越大，从而在更大范围、更深层次上带动地区的经济发展，区域间的差距也就会缩小。因此,缩小广东省的区域差距应持续不断地增大发达地区向外转移知识创新和产业的推力和不发达地区吸收发达地区向外转移知识创新和产业的拉力。

7.1.4　珠江三角洲向外围地区产业的扩散

7.1.4.1　珠江三角洲扩散能力的形成

珠江三角洲产业结构的不断调整与优化,与香港资源要素的大规模流入是直接相关的。1979 年起,直至整个 80 年代和 90 年代初期,香港出口加工企业北迁到珠江三角洲是珠江三角洲扩散能力形成的主要方式。这种状况与当时香港工业化已趋成熟,产业结构中支柱产业转向第三产业,而珠江三角洲的工业化刚刚起步,是相对应的。

改革开放以来,香港与珠江三角洲的经济合作实现了产业结构的有序转移。香港将制造业特别是劳动密集型产业转移到劳动力资源丰富的珠江三角洲,香港本身则以现有的土地、人力发展金融、贸易、旅游、航运等第三产业,进一步加强香港作为世界金融、贸易、旅游、航运中心的地位。珠江三角洲因而成为香港制造业的主要后方生产基地。两地间形成了"前店后厂"的格局。香港作为与国际市场连接的"前店",负责寻找客户、签订合约,引入资金和适用的技术装备;产品完工后,负责在国际市场上销售。"前店后厂"格局的形成,是长期以来两地生产力现实运动的必然结果。首先,香港于 20 世纪 70 年代末进入工业化成熟期后,在投资的边际收益递减规律的作用下,以及金融体系全球化浪潮的推动下,出于对更高收益的追求,必然选择较快提升产业结构中第三产业的比重,使香港成为新的国际商贸、金融、转运中心。这样,香港原有的大量出口加工企业就必然外迁。其次,1979 年后,珠江三角洲地区开始进入工业化起步阶段,长期的计划经济体制禁锢所造成的资金、技术、市场等方面的缺口,必须通过境外的要素输入来弥补。最后,两地历史上、地缘上、血缘上形成的深厚联系,是促成双方产业分工合作的"黏合剂"。1979 年以来,珠江三角洲和香港经济的增长速度都非常快,无可辩驳地说明"前店后厂"的产业布局是成功的。20 世纪 90 年代初期以后,由于香港原有的绝大多数加工业已经迁往内地,流入珠江三角洲地区的资金一部分投入新的具有高科技含量的工业项目,也有相当部分资金投向珠江三角洲的基础设施建设,有的则投向第三产业。另外,香港资金通过内地高新技术企业在香港上市,或通过对内地企业的兼并而进入珠江三角洲地区。

与产业的发展相对应,珠江三角洲知识创新要素也凭借对香港因素的吸附实现了提高。珠江三角洲与香港在科技方面的合作大致经历了以下几个阶段:①20 世纪 70 年代末期通过开展"三来一补"为主要形式的对外加工业务,引进适用技术和设备,培训熟练劳工,为自身的工业转向外向型打下基础;②80 年代中期以后,主要开始通过创办中外合资、中外合作企业,引进比较先进的设备、技术,并进行消化、吸收、创新,培训现代技术及管理人员;③90 年代中期以来,为应对日益激烈的国际竞争,跟上国际产业结构转型,珠江三角洲加大了与外商合办高新技术企业的力度,共同研究开发新产品,高新技术产业脱颖而出,并开始向产业化、规模化迈进。如改革开放以来珠江三角洲崛起的一批具有独立开发能力的企业集团——康佳、TCL、科龙、美的等,无一不是利用香港的资金、技术、市场而发展起来的。可以说,在香港因素的作用下,企业开放的程度越高,其科研开发能力、市场竞争能力和抵御风险的能力就会越强。

另外,广州作为华南最大的科研、教育中心,也为珠江三角洲创新能力的形成输送了大量的人才,就近将科研成果转化为生产力;深圳提出"二次创业",大力发展高新技术产业,珠海大力建设产学研基地,也都为珠江三角洲培养了创新能力。广州、深圳、珠海成为珠江三角洲知识创新的三大核心。20 世纪 90 年代中期以来,珠江三角洲已形成了较强的扩散能力,珠江三角洲一批已具备独立开发能力的大型企业,逐步将企业办到外围地区,均取得了较好的经营效果,展现了珠江三角洲知识创新因素对外扩散的广阔前景。

7.1.4.2　产业扩散的过程

进入 20 世纪 90 年代,随着珠江三角洲产业调整升级进程的加速以及外围地区投资环境的改善,珠江三角洲的资金、知识创新等要素开始向外围地区扩散,区域经济发展中发达地区向后发地区辐射的"涓滴效应"开始产生,外围地区初步形成了创新要素的吸聚网络。

20世纪90年代,伴随改革开放的深入,珠江三角洲原来享有的政策优势减小,地租、工资、水电等成本费用上升。80年代初,珠江三角洲的人均工资约相当于香港的1/30,2000年提高到约1/10,比外围地区高1~2倍。这意味着珠江三角洲发展劳动力密集型产业的低成本优势已不复存在。从另一方面看,面对世界经济一体化和世界性产业结构调整,珠江三角洲必须迅速实现产业升级,淘汰部分旧产业。珠江三角洲的一些企业,开始谋求在香港及国际资金、技术和市场的支持下,将技术要素更密集地应用到劳动密集型产业与技术密集型产业中去。珠江三角洲由此出现一批具有较强的市场竞争力和技术开发能力的大型企业集团,而一部分技术实力较差的纺织、食品企业被迫退出本地市场,从而形成了珠江三角洲在市场机制作用下的产业升级,部分劳动密集型产业开始迁往交通条件较好的外围地区。表7-1列出了珠江三角洲与外围地区主要工业部门排序及其变动情况。

表 7-1　珠江三角洲与外围地区主要工业部门排序及其变动情况

地区		主要工业部门排序(按产值比重)	
		1990 年	1999 年
珠江三角洲	广州	电器、食品、机械、纺织、服装、皮革	交运设备、电子、电器、化工、皮革
	深圳	电子、服装、皮革、纺织、电器	电子、仪器仪表、电器、塑料、金属制品
	珠海	电子、食品、塑料、化工、纺织	电子、电器、仪器仪表、化工、服装
	惠州	电子、食品、纺织	电子、电器、塑料、金属制品、仪器仪表
	东莞	电器、电子、电器、食品、机械	电子、电器、纺织、电力蒸汽、服装
	中山	电器、纺织、食品、塑料、金属制品	电子、电器、金属制品、塑料、纺织
	江门	纺织、电器、服装、皮革、食品、机械	电子、电器、金属制品、纺织、服装
	佛山	电器、纺织、食品、塑料、金属制品	电器、非金属制品、金属制品、纺织、塑料
	肇庆(含云浮)	服装、皮革、食品、纺织	电子、皮革、非金属制品、木材加工、纺织

续表

地区		主要工业部门排序（按产值比重）	
		1990 年	1999 年
外围地区	东翼	汕头	服装、皮革、塑料、食品、化工	服装、电子、化工、塑料、纺织
		汕尾	食品、工艺美术品制造业、塑料	电子、纺织、饮料、电器、服装
		潮州	工艺美术品制造业、食品、服装、皮革	非金属制品、电子、服装、塑料、其他
		揭阳	服装、皮革、电器、塑料、食品	服装、塑料、金属制品、纺织、其他
	西翼	阳江	机械、食品、冶金、纺织	金属制品、纺织、有色金属采选、饮料、皮革
		湛江	食品、电器、机械、交运设备、建材	食品加工、石油与天然气开采、石油加工、化工、交运设备
		茂名	石油加工、建材、食品、化工	石油加工、化工、非金属制品、皮革、食品加工
	北部山区	韶关	冶金、食品、纺织、机械	电子、黑色金属冶炼、有色金属冶炼、烟草、纺织
		河源	电力、医药	医药、黑色金属冶炼、电器、电子、黑色金属采选
		梅州	食品、化工、纺织	非金属制品、电子、烟草、交运设备、电力蒸汽
		清远	建材、食品、化工	电子、非金属制品、纺织、医药、塑料
		云浮		服装、金属制品、非金属制品、纺织、其他

注：1990 年云浮的工业统计数据纳入肇庆一起统计。

资料来源：根据《广东统计年鉴 1991》《广东统计年鉴 2000》相关数据整理

从表 7-1 可以看出，20 世纪 90 年代，珠江三角洲传统行业如食品、造纸、机械、纺织等行业的地位在不断下降，而以电子、电器、汽车、金属制品、化工等为主体的新兴产业发展很快。这表明珠江三角洲高新技术产业的发展已初具规模，开始进行产业的升级并将一些产业向外围地区转移。转移的产业主要有：①纺织、服装和鞋类工业；②食品、饮料工业；③塑料、皮革、玩具产业；④部分家电产业。正是在对这些产业进行扩散的过程中，珠江三角洲实现了知识创新的扩散。

7.1.4.3 产业扩散的方式

20 世纪 90 年代，珠江三角洲产业扩散的行为目标模式是市场导向型和综合资源利用型的，它将外围地区作为扩散生产加工能力的重点区域。通过生产的扩散来实现知识创新的扩散。在这个阶段，珠江三角洲所进行的产业扩散主要是一种初级状态的产业扩散,包括采取对外投资(以中小规模为主)、建立生产加工点、建立营销点和营销网络等方式。大规模地转移主要生产设施、转移企业总部、对外建立研究开发机构等较高层次的产业区域扩散行为还不太多。在这个阶段,其扩散主要通过以下渠道进行。

①市场扩张。随着经济的发展,市场需求结构会发生变化。市场需求中,类似食品、纺织、一般机械等低加工型的劳动密集型产业的产品的需求份额将会减少,而对家电设备、交通通信设备、电脑及其软件、医疗及保健产品等的需求份额将会迅速增长。因此在这个阶段,珠江三角洲会将低技术的劳动密集型产业向外围扩散,通过一定规模的对外投资、对外建立生产加工点、对外建立销售网点等多种形式,来降低产品的成本,增加产品的竞争力。例如,喜之郎集团在阳江设立分厂来实现跨地区的低成本扩张。珠江三角洲在适应需求变化的过程中,减少或淘汰那些市场需求萎缩的产品和产业,增加市场需求前景看好的产品和产业,逐步实现产业的结构优化。而外围地区接受珠江三角洲的扩散,既增加了投资,又提高了生产能力,并在生产中吸收和模仿扩散来的知识创新。

②企业重组。珠江三角洲以企业的品牌、技术、质量的优势地位为依托,采用参股、控股等手段,进行跨区域的企业并购活动。这不但能尽快提高市场占有率,而且可达到资源共享,同时也有利于资源在企业集团内部的合理配置。

③在外围地区建立产业扩散据点。20 世纪 90 年代以来,外围地区开办的各种类型的开发区已成为吸引珠江三角洲产业扩散的重要阵地,也是珠江三角洲产业扩散的据点。如 1991 年,经广东省人民政府批准,清远市扶贫经济开发试验区正式成立。试验区位于清远市区东南部 107 国道旁,距广州仅 58 千米,规划面积 18.6 平方千米。试验区依托珠江三角洲,紧靠广州,地处交通要道,集中了政策、资金、项目、人才、技术和配套服务等综合优势,吸引了珠江三角洲的一些厂商前去投资办厂。又如韶关市成立的粤北工业开发区,是珠江三角洲企业投资开发的优良场所。1998 年,该开发区完成工业产值 17.25 亿元。珠江三角洲在重点发展高新技术产业的同时,加快将其劳动密集型产业向外围地区的开发区转移。

　　④形成知识链分工模式。随着创新能力的增强,珠江三角洲逐步形成 R&D 中心,从而处于生产的开发环节,而外围地区可以承接产品的生产、装配等环节,因此在珠江三角洲与外围地区之间可以形成"前研后厂"的知识链分工模式(表7-2)。

表7-2　珠江三角洲与外围地区"前研后厂"的知识链分工模式

比较项目	珠江三角洲	外围地区
在知识链中的地位	以生产和输出知识为主	使用知识
生产环节	进行 R&D 活动,输出知识和技术	输入原材料和劳动力,输出制成品
核心生产要素	知识、知识型劳动者、风险资本等高级生产要素,其中学习和知识生产能力尤为重要	自然资源、熟练劳动力、物质资本(特别是有形资产)
创新能力	具有很强的知识创新能力;处于竞争优势和垄断地位	具有学习(模仿)能力和规模生产能力;处于被控制地位,但有可能通过合适的技术入口和市场策略,有效地实施赶超
产业结构特征	以服务业为主,制造业为辅,尤其以知识密集型产业、高新技术产业为核心	以加工制造业为主,服务业为辅

　　在这一模式中,珠江三角洲由于具有很强的知识创新能力,从而处于竞争优势和垄断地位,通过进行 R&D 活动处于生产的开发环节,对外围地区输出知识和技术;在产业上则表现出以知识密集型产业、高新技术产业为核心的产业结构特征。外围地区则接受和学习珠江三角洲扩散的知识,利用自然资源、熟练劳动力和物质资本进行产品的生产和装配。也就是说,在珠江三角洲与外围地区之间可以形成"前研"(珠江三角洲以研究开发为主)+"后厂"(外围地区以生产为主)的知识链分工模式。这一模式已出现雏形,可以预计,随着经济的进一步发展和珠江三角洲知识创新能力的进一步提高,这一模式将成为整个珠江三角洲产业扩散的主要形式。

　　总之,珠江三角洲产业扩散的过程,在空间上表现为香港的资源要素向广州、深圳和珠江三角洲其他工业城市等区域的推移扩展,进而向作为边缘区的广东外围地区的推移扩展,使区域内的经济活动逐步趋于一体化的过程;在产业上表现为核心区的原有的产业结构不断升级,劳动密集型产业不断向外围地区扩散,从而使核心区与外围区的工业化水平整体向上提高的过程;在知识创新上表现为核心区向外围区扩散,从而形成"前研后厂"的知识链分工模式的过程。

7.2 制度创新的扩散

知识创新的扩散是以制度创新为前提的,制度创新在知识创新扩散中存在两方面的作用。一是在第三章中分析的制度创新导致知识创新,从而带来知识创新水平的提高,也就是说制度因素间接地促进知识因素的发展。二是制度在知识创新扩散中起催化机制的作用,可以为扩散的培育创造条件,如区域开放程度和区域市场化水平的提高都有利于扩散的推进。区域知识创新扩散的发生和推进取决于两个基本条件,即区域开放程度和区域市场化水平。其中,前者是必要条件,后者是充分条件,对于珠江三角洲与外围地区来说,在推动区域创新扩散进程中缩小区域差距,主要在于不断扩大区域开放程度,推进区域的市场化进程和统一市场的形成。

区域开放作为区域创新扩散的必要条件,是区域创新扩散的客观要求所决定的。因为在区域封闭情况下,创新很难向外辐射,也很难渗入外围区而实现扩散。只有在区域开放的情况下,知识和资源、资金、劳动力和信息等要素才能在区域间流动,区域创新扩散才能发生,区域差距才能在创新扩散中逐渐缩小。另外,区域扩散由产品扩散向产业扩散的演进,也与区域开放的程度相联系,并要求不断扩大区域的开放程度与之相适应。可见,区域开放性既是创新扩散的发生条件,又是创新扩散逐级递进的条件,这就决定了区域创新扩散的必要性。

区域市场化作为区域扩散的充分条件,是由区域创新扩散动力机制的客观要求所决定的,区域扩散是区域间的经济交换和要素的流动,仅有区域开放这个必要条件是不够的,还要有启动和推动这种交换与流动的动力机制这样的充分条件。而具有动力功能意义的是市场机制。一方面,市场机制如同一只看得见的手,在具有差异的区域之间将比较利益规则显性化;另一方面,市场机制又是一只看不见的手,沿着显性化的比较利益规则牵动要素的区域流动。这样,区域创新扩散便被启动,并会持续发生。市场机制作为一种市场力,它的形成和作用取决于区域的市场化程度。当区域的市场化程度比较低时,扩散就很有限;只有当区域市场化程度逐步提高,产品扩散才会向产业扩散演进,扩散才能在广度和深度上不断得以拓展(程必定,1998)。由此可见,在知识创新扩散中,制度因素起着重要作用。制度作为一种资源禀赋,具有动员其他要素的原生力量。珠江三角洲在经济体制变革或创新方面比东西两翼及北部山区都迅速,并且力度和深度都大。在产业扩散的同时也实现了制度创新的扩散,如珠江三角洲企业在东西两翼及北部山区的兼并与收购和产权投资,可以带来外围地区企业的产权改革,从而实现制度创新的扩散。

另外,制度创新具有示范效应。区域间制度安排的差异使得一些区域的经济主体在一定阶段获取高额的"制度租"成为可能。一方面,不同的制度安排并行,使得制度变迁主体可以利用各制度安排的差异获得制度上的相对效率,当某个区域率先实施某项制度安排时,其他区域与其相比时会表现出巨大的制度落差,这种因制度创新带来经济发展的先发优势会给这个区域带来巨大的"制度租";另一方面,为追逐同样的"制度租",其他区域的制度仿效会使这种"制度租"逐渐分散,直至为零或直到一项能获得更多"制度租"的新的制度安排产生。因此,随着珠江三角洲制度创新模式的形成与发展,外围地区会仿效珠江三角洲地区的制度创新从而实现制度创新的扩散,来达到制度层面的趋同。主要表现在:①企业制度的融合与趋同。企业的制度安排具有多样性,但在市场经济中有一个共性,这就是必须作为独立的市场主体。产业扩散必然要求各地的企业制度能够满足跨区域经济活动的需要。作为经济活动的主体,不同区域的企业制度如不规范,企业与企业之间的经济交流就会受到影响,经济活动的成本就会增加。本来,企业制度的选择应是企业自己的事情,但对于一部分企业来说,其制度的选择如让其自然演化,可能要经过一个比较漫长的过程,因此可以适度给予合理的示范、引导,以缩短其制度选择的过程,降低制度转换的成本。珠江三角洲在产业扩散的过程中,会给外围地区带去先进的企业制度安排形式和管理模式,从而可以示范、引导外围地区企业制度创新的过程,实现珠江三角洲与外围地区企业制度的趋同。②政府制度的融合与趋同。首先是政府制度创新模式的趋同。一般说来,各区域政府的制度安排都是以本区域的经济社会发展为出发点的。珠江三角洲的政府制度创新模式带来了珠江三角洲经济的快速发展,外围地区的政府为了实现本地区的繁荣与发展,必然会借鉴和学习珠江三角洲的政府制度创新模式,从而实现制度创新的扩散。其次是政府行为的一致与协调。区域的广阔性和行政的分割性,会使某些制度安排的效率降低,也会使作出各项制度安排的成本和各项制度安排间的摩擦成本增大。为了实现整个广东省的经济协调发展,广东省政府在作出制度安排时,会从经济一体化和提高整体效益的角度出发,相互协调、统一规划整个广东省的制度创新安排,这样既可以大大降低各项成本,形成制度安排和制度实施的规模经济和范围经济,又能在制度层面实现外围地区与珠江三角洲的趋同,从而达到制度创新的扩散。

7.3　缩小珠江三角洲与外围地区创新差距的战略

知识创新和制度创新是当代经济发展和社会转型中最重要的因素,然而在经济发展过程中,珠江三角洲与外围地区在知识创新和制度创新方面形成了较大的差距,从而造成了经济发展差距的扩大。为了推动广东省整体协调发展,必须制定缩小地区之间知识创新和制度创新差距的战略。区域创新的扩散是实现珠江三角洲与外围地区创新协调的重要途径与手段,下面将具体分析除创新扩散以外的缩小知识创新和制度创新差距的战略。

7.3.1　缩小知识创新差距的战略

缩小知识创新差距的战略主要是针对外围地区而言的,通过提出外围地区知识创新发展的战略框架,实现其知识创新的快速发展,达到缩小知识创新差距的目的。根据知识创新的多重驱动力,本书提出的外围地区知识创新发展的战略框架是:利用区外的知识溢出效应(外围地区接受珠江三角洲知识创新的扩散,上文已详细论述);加速发展教育,促进外围地区本地知识的培育;加快通信、网络设施建设,提高外围地区知识交流的能力;改革 R&D 体制,提高外围地区知识创新的能力;从制度上保障知识创新的发展。

7.3.1.1　加速发展教育,促进外围地区本地知识的培育

完善基础教育、大学教育、职业培训与"边干边学"、教育援助等制度,推行教育技术创新和教育制度创新,建立区域内生的学习与人力资本积累机制。主要包括:①建立企业的"边干边学"或"边用边学"机制;②由政府出面建立公共的教育与"边培训边学习"机制。学习具有显著的外部性和公共品特征,并且投资于学习的预期收益不确定、不稳定、期限长,在技术日益复杂化的情形下,评判学习的预期收益更加困难。因此,企业对于学习的投资往往是不足的,政府需要保持对教育和学习的投入强度,促进外围地区的知识和技术积累。

在保证基础教育入学率的同时,还必须特别注意提升教育质量。①加速普及中等教育,全面提高中等职业教育的实用性。一方面,要迅速打破中等教育规模偏小这个制约中等教育大发展的瓶颈,提高普通中等学校入学率;另一方面,必须全面提高中等职业教育的质量,密切结合经济发展的需要,增强毕业生生存和发展的能力。此外,在农村地区开办与农业生产和乡村工业发展相适应的农村职业学校,提升外围地区农村人口的受教育水平,使其能够以一技之长获得增加收入的能力。②放开高等教育市场,大力发展普通高等教育和高等职业教育。打破国有部门垄断高等教育市场的局面,发展多元化的高等教育模式,加强对教育质量的监督,吸收民间力量和外国资金加速高等教育的发展。改变现行的教育经费分配制度,允许不同类型学校公开、公平招标竞争。③大力发展具有规模效应的跨区域开放式大学,包括电视教育、远程教育、网络教育、虚拟大学等,利用卫星和互联网来传播教育内容,使得外围地区的学习者可以享受先进的教育资源。

7.3.1.2　加快通信、网络设施建设,提高外围地区知识交流的能力

外围地区应当增加对广播电视基础设施的投资,内容上应当增加各类知识特别是对当地适用的生产和生活技术知识的节目,促进科学知识的普

及和技术知识的应用。加快电信产业开放,引入竞争,充分利用新技术推动发展的"蛙跳效应"(胡鞍钢、熊义志,2000)。国内外利用新技术的经验都证明,在技术发展历程中,新技术从开始采用到普及的周期越来越短,落后的地区可以利用其没有沉没成本的优势,采用最新的技术迅速实现对先行地区的追赶,我们称之为"蛙跳效应"。外围地区在实施网络建设的过程中,应引入竞争,采用最新的技术,实现在知识交流途径上的追赶。中小学校应当提高网络普及率,培养中小学生使用网络的技能,增强利用知识和吸收知识的能力。

7.3.1.3 改革 R&D 体制,提高外围地区知识创新的能力

外围地区必须调整国有 R&D 的投入,提高 R&D 产生知识创新的效率,鼓励民营 R&D 机构发展,鼓励外资兴办 R&D 研究中心,从而增加本地区知识创新的投入总量。鼓励一批知识创新 R&D 机构实行企业化运作、公司化改组,或者形成新型科技企业,或者与企业集团结盟,直接进入市场。允许各类 R&D 机构参与竞争国家或地区的科学基金、政府资助的高新技术开发项目及重大的技术改造项目,从而获得资助。

充分发挥外围地区现有科技人员的潜力和作用,提高技术人员知识创新的效率。鼓励本地科学家与外地或外国科学家合著科技论文;鼓励科技人员与外地科技人员合作申请专利,提高专利发明人的私人收益比例;推动产业界和学术界联合开展研究与开发,加速成果转化。

确定 R&D 投资优先领域,增强生产"创造财富型"知识的导向性。政府对知识创新的投资应集中于那些具有社会效益与经济效益的领域。本地 R&D 机构的知识创新就是为了促进经济增长,增加就业,提高国内市场竞争力和开拓国际市场,应集中于电子产业、制药业和中药业、特色农产品加工等行业。

7.3.1.4 从制度上保障知识创新的发展

外围地区应实施更加开放的政策,增加对外经济交往,创造优势,吸引外地和外国资金,特别是大型跨国公司的投资。外围地区除了进一步加强基础设施建设外,更重要的是在投资服务和环境上同国际惯例接轨,对外地和外国企业实施国民待遇,进而吸引外地和外国投资。

设立激励机制,促进更广泛的参与。政府作为知识创新战略的推动者,一方面要推动对知识创新的需求,同时必须推动与知识创新相关的商品和服务的供给。在推动同知识创新相关的商品和服务的供给上,通过公共政策的引导,吸收个人、区内民间部门和区外组织的参与,从而更好地保障这些商品和服务的提供,更有效地满足公民的需要,更大范围地增进公民的福利。除了有巨大外溢性的公共物品(基础科学研究、基础教育、基础信息网等),许多竞争性的同知识创新相关的商品的提供应当向社会开放,包括应用 R&D、高等教育、信息产业部门等,从而促进区内民间部门以及外资的进入。事实上,随着知识转化的加速,一些原来视为纯公共物品的领域,如基础 R&D,也变得有利可图,私人部门也越来越愿意在这些方面投资。

加强监督和管理。政府必须保证知识产品和服务的质量,因为在知识产品和服务的质量方面,消费者和提供者之间存在巨大的信息不对称。政府应对知识产品以及服务的质量和交易活动进行监督与管理。在制定标准、加强监督和执行之外,还可以通过以下途径促进社会的参与:授权民间组织以增加知识创新相关的商品和服务的供给,并实施监督和评估;制定激励机制,促使提供者自己披露有关的信息。

知识扩散是创新价值实现的途径,要建立有效的知识创新扩散的组织体系。包括建立专门的技术市场,协调企业间的契约安排,促进大公司各部门间规范化的技术转移等。

7.3.2 缩小制度创新差距的战略

制度变量在区际变化速率的不同导致各区域经济增长的制度环境的差异,影响和决定经济增长的传统因素受制度环境的影响而使各区域具有不同的产出效率。因此,先行制度创新的地区往往具有加速增长的趋势,这也正是区域经济增长差异不断扩大的主要原因。外围地区在制度创新方面往往落后于珠江三角洲地区,因此要通过改革以缩小区域经济转型速度的差异进而消除区域经济增长环境(制度环境)的差异。可供选择的路径是:外围地区要加快改革和制度创新的步伐,尤其是加快改革和经济转型的速度,以完善其经济增长的制度环境,促进区域经济均衡发展。主要措施包括以下四个方面。

7.3.2.1 加大外围地区对外开放的力度

外向化不仅意味着经济活动空间的扩展,同时还意味着通过外向化可以实现技术的外溢和管理水平的提高。对外开放包括两个方面:一方面是对国外开放,大力引进外资;另一方面是对区外特别是对珠江三角洲的开放,与珠江三角洲共同形成一个开放的市场环境,接受珠江三角洲知识创新的扩散,更好地学习和借鉴珠江三角洲制度创新的经验。

7.3.2.2 加速外围地区国有企业的市场化改造

要构建有助于生产力跨越式发展的微观基础。微观基础重构的核心是通过企业制度的改革,明晰产权关系,为经济的快速增长提供新的刺激,提高资源的配置效率。企业制度改革的核心是国有企业改革,其改革的基本思路是:通过推进现代企业制度,使国有企业真正成为国有资产独立经营者,使之摆脱"双轨制"的各种约束,让企业在市场竞争中求发展。根据河源等山区市的实际情况,外围地区国有工业企业可根据"有所为有所不为"的要求,对于还有市场前景的企业,采取以下方式进行改制转型:①注资承包(租赁)经营。即由承包经营者注入企业流动资金或技术改革资金,对企业实行承包(租赁)经营。②在资产评估的基础上,实行资产剥离,进行产权转让,把国有企业转变为股份制企业或股份合作制企业。③科学规划,将企业集团的发展作为一项长期战略,政府扶持引导,不断跟踪,使之成为山区经济发展的新增长点。④对长期亏损、看不到前景的企业,实行破产或出售转让的方法,大幅度减少对该类型企业的亏损补贴。⑤外围地区的国有企业改革,要与吸引港澳、珠江三角洲地区的资金注入,培育支柱产业结合起来,本着"不求所有,但求所在"的原则,鼓励国有企业与珠江三角洲企业兼并、联合,借助境外资金支付国有企业改革成本,走资产重组的道路。

7.3.2.3 大力发展外围地区的非公有制经济和混合经济

由于存在国有经济和非国有经济的效率差异,因此,加快非国有经济的发展进而提升非国有化水平,可以在整体上促进一个地区的经济增长。对于相对落后的外围地区而言,通过非国有化还可以打破国有经济的垄断,促进竞争,从而提高国有经济的竞争效率。因此,发展个体经济、私营经济、外资经济以及以股份制、股份合作制为主要形式的混合经济是促进外围地区经济发展的新增长点,是塑造外围地区多元竞争主体,加快外围地区制度创新的客观要求。要建立一套保障国有、集体(含乡镇企业)、民营、个体私营等各类企业平等享有各项权利的制度,包括平等的融资机会,平等招聘和使用劳动力,平等购买和运用科技、原材料等要素,消除地方保护主义和行政特权的干预,并建立企业家的"剩余索取权"制度或真正的年薪制,使企业家多劳就多得,并建立企业法人财产制度,保护企业家的合法权利(朱锡平,2000)。在信贷、市场准入和退出、进出口、开发用地等方面,对民营企业予以照顾,营造多种所有制经济共同发展的环境。有条件的县市政府,应设立小型企业和民营企业信贷发展基金,由政府出面向银行担保,组织和协调小规模企业发展,鼓励这些企业吸纳更多的劳动力就业,促进外围地区非公有制经济的资产积累。

7.3.2.4　构建有助于生产力跨越式发展的政府管理体制

一是理顺政府与企业之间的关系,避免对企业的行政干预。凡是市场能做的就由市场去做,政府只在市场做不好或做不了的领域发挥作用。二是明确经济政策目标,优化经济政策工具,提高经济政策效率。政府在调控经济时应更多地运用经济手段,尽量减少对企业活动的行政干预。三是通过机构改革建立一个精简、高效和廉洁的政府服务体系。四是尽可能使政府的政策及政策的制定过程具有透明性,从而引入公众对政府行为的必要监督。五是健全决策过程,提高政府的创新能力。政府创新能力是与决策过程紧密联系在一起的,政府决策过程必须建立在制度的基础上,经过科学的程序,广泛发扬民主,大量收集信息,充分研究论证,采用集体决策的方式,利用现代化的技术手段,把定性分析与定量分析结合起来,以期最大限度地提高决策的科学性,从而增强政府创新能力。

8

结　论

20 世纪 80 年代以来,区域发展决定模式的研究出现了新进展,表现在认识到创新、知识和制度等要素的决定作用,从而形成了新区域发展理论。知识和制度因素所构成的内生区域发展的决定模式将成为区域发展理论探讨的核心问题。将新增长理论、制度理论、创新理论与区域发展研究相结合,是区域发展理论创新的一条重要途径。

8.1　关于经济地域发展决定因素的分析

经济地域的发展是不平衡的。从时间上看,改革开放以来,广东省内经济发展差距不断扩大。从空间上看,广东省内区域经济发展的空间差异主要表现为两大地域,即珠江三角洲与外围地区的差异,珠江三角洲作为广东经济核心的地位不断得到强化,与外围地区形成经济发展的二元结构。根据这一空间差异模式,可以将广东省划分为珠江三角洲与外围地区两大合理经济地域。

两大合理经济地域的初始差异较大,而且差距不断扩大。是什么因素造成了经济地域的差异呢? 本书从经济增长的决定模式的分析入手,指出知识创新和制度创新是经济发展的决定因素,并建立了知识创新和制度创新的互动增进杠杆模式。

本书将制度因素作为内生变量,建立了有劳动力因素、资本因素、知识因素和制度因素的发展模型,并求出知识因素和制度因素在广东经济增长中的作用程度,计算结果表明:知识因素对广东经济增长的影响最显著,其中人力资本和知识资本对国内生产总值增长率的弹性系数分别为 0.453和0.441。制度因素对广东经济增长的影响也是十分显著的,并且广东在非国有化、市场化、对外开放这三个方面有较大的制度创新空间。所以未来一段时间内,知识因素和制度因素的创新对广东经济的发展是有决定性作用的。这也验证了本书提出的知识创新与制度创新决定经济地域发展的杠杆模式。

8.2 关于珠江三角洲与外围地区知识创新的比较

经济地域知识创新的发展既源于区域内部因素的相互作用及其产生的持续累积效果,又源于区域外部的变革力量。其中:区外知识的输入是外部因素,本地知识培育是内部因素,而知识交流是途径,经济发展和制度创新是保障。这些作用因素彼此关联影响,共同组成知识创新发展演进的多重驱动力。

根据本地知识在区域发展中的作用,可以将区域知识的创新分为四个阶段:发掘区外知识阶段、本地知识培育阶段、本地知识自主创新阶段和知识创新扩散阶段。

借鉴行为区位论的研究方法,本书构建了知识创新评价的三维模式。三维分别是:拥有知识的质与量、运用知识的能力以及知识创新能力。从这三方面可以提出衡量知识创新水平的指标体系,并计算出珠江三角洲与外围地区知识创新综合指数。

与经济发展的二元结构相对应,珠江三角洲与外围地区知识创新水平呈现明显的差异,形成了知识创新的二元结构,形成了"知识核心带"(珠江三角洲地区)和"知识外围带"(外围地区)。这表明知识创新水平同经济发展水平有较好的对应性,经济发达的区域知识创新水平一般也较高,经济发展水平较低的区域知识创新水平也较低。

1996—2000 年,珠江三角洲与外围地区在运用知识的能力指标和知识创新指标上的差距在不断缩小。

在珠江三角洲内部,知识创新发展模式由 1996 年的单核心(广州)模式转变为 2000 年的三核心(深圳、珠海、广州)模式。

产生知识创新差距的主要原因有:①珠江三角洲与外围地区在发掘区外知识程度上存在差异;②珠江三角洲与外围地区在人力资源历史积累、科技资源历史积累、高新技术产业发展上存在差异;③珠江三角洲与外围地区在经济发展程度上存在差异。

8.3　关于珠江三角洲与外围地区制度创新的比较

本书将制度经济学和区域经济增长理论进行整合,从而分析区域经济增长制度,以进一步解释经济体制转型以来的广东省经济地域非均衡发展现象。主要从制度创新初始约束条件、制度创新过程、制度创新模式和制度创新程度四个方面对珠江三角洲与外围地区在制度创新上的差异进行比较。

广东的制度创新初始模式主要是由外部变量拉动的,是对外开放促进型渐进式制度创新方式。正是珠江三角洲与外围地区在对外开放各种条件和时间上的差异,使得它们制度创新的初始条件不同。主要表现在区位条件、开放意识、商业文化发展背景、开放时间的差异上。

制度安排及其利用程度是经济增长的内生变量,珠江三角洲在制度安排及其利用程度上要优于外围地区。广东省实施制度转型以来,制度安排的区际差异表现在:①市场化转型的制度安排差异。广东制度转型中一些重要市场制度的确立在地区选择上向珠江三角洲地区倾斜,例如股票市场和上市公司的选择大都集中在珠江三角洲地区。②所有制结构调整的制度安排差异。珠江三角洲地区在政府制度允许的所有制结构调整始终走在外围地区的前面。③开放制度安排的区际差异。广东对外开放的地区选择从珠江三角洲地区开始,从而使珠江三角洲地区享受更多的特殊政策和制度优惠。④财税制度安排的区际差异。广东的税收制度安排和各种税收减免制度使制度转型时期珠江三角洲地区从财税体制的安排中获益更多。

制度创新的地区分布不均衡。珠江三角洲地区往往是制度创新的先导地区,形成了一系列制度创新的模式。主要有:顺德市新一轮农村体制改革模式、深圳市三层次国有资产管理经营模式、肇庆市注资经营责任制模式以及顺德市政府制度创新模式。

广东制度创新是对外开放促进下的以发展非公有制为切入点的市场化改革与创新。珠江三角洲与外围地区在制度创新的程度上存在差异,主要表现在市场化程度、所有制结构转变、开放程度三方面的差异上。

8.4　关于珠江三角洲与外围地区创新的扩散与协调

经济地域发展比较的目的最终是要实现整个大的经济地域的协调发展,本书从创新的扩散与缩小区域创新差距两方面分析了实现协调发展的途径。

知识创新扩散的条件是创新梯度。经济的发展和技术水平的提高,催生了区域扩散新的决定模式,区域的生产能力很大程度上取决于其所内生决定的知识的创新能力。区域扩散的决定因素主要由区域内生比较优势所决定。知识创新扩散的实现形式由产品扩散转变为产业扩散。

区域创新扩散的推拉力模式为:核心区在发展中的一些限制性因素形成推力,把一些知识创新、产业推出核心区,从而推动经济向更高层次发展;而外围区由于对知识创新转移的需求,会通过一些积极因素形成拉力,把核心区转移来的知识创新和产业吸引过来,从而推动产业结构的调整。

20 世纪 90 年代中期以来,珠江三角洲已形成了较强的创新扩散能力,珠江三角洲创新扩散能力的形成主要得益于香港。另外,广州、深圳、珠海成为珠江三角洲知识创新的三大核心,为珠江三角洲培养了创新能力。

随着创新能力的增强,珠江三角洲逐步形成 R&D 中心,从而处于生产的开发环节,外围地区则承接产品的生产、装配等环节,在珠江三角洲与外围地区之间可以形成"前研后厂"的知识链分工模式。这一模式成为珠江三角洲知识创新扩散的主要形式。

随着珠江三角洲制度创新模式的形成与发展,外围地区会仿效珠江三角洲地区的制度创新从而实现制度创新的扩散,来达到制度层面的趋同。主要表现在企业制度和政府制度的融合与趋同。

根据知识创新的多重驱动力,笔者提出外围地区知识创新发展的战略框架为:利用区外的知识溢出效应;加速发展教育,促进外围地区本地知识的培育;加快通信、网络设施建设,提高外围地区知识交流的能力;改革R&D体制,提高外围地区知识创新的能力;从制度上保障知识创新的发展。

外围地区在制度创新方面落后于珠江三角洲地区,因此要通过改革以缩小区域经济转型速度的差异进而消除区域经济增长环境(制度环境)的差异。可供选择的路径是:外围地区要加快改革和制度创新的步伐,尤其是加快改革和经济转型的速度,以完善其经济增长的制度环境,促进区域经济均衡发展。主要措施是:加大外围地区对外开放的力度;加速外围地区国有企业的市场化改造;大力发展外围地区非公有制经济和混合经济;构建有助于生产力跨越式发展的政府管理体制。

参考文献

中文部分:

[1]安虎森,1997a.区域经济非均衡增长与区域空间二元结构的形成.延边大学社会科学学报(社会科学版)(1):66-70.

[2]安虎森,1997b.增长极理论评述.南开经济研究(1):31-37.

[3]陈本良,陈万灵,2000.区域经济发展差异的制度经济分析(12):70-73.

[4]陈才,2001.区域经济地理学.北京:科学出版社.

[5]陈才,刘曙光,1998.面向21世纪的我国区域经济地理学科理论体系建设.地理科学(5):393-400.

[6]陈鸿宇,2001.区域经济梯度推移发展新探索:广东区域经济梯度发展和地区差距研究.北京:中国言实出版社.

[7]陈建军,2002.中国现阶段的产业区域转移及其动力机制.中国工业经济(8):37-44.

[8]陈剑,1999.我国东、中部地区的南北发展差异.地理研究(1):79-96.

[9]陈述,2002.广东市场化改革过程研究.中共山西省委党校学报(3):26-29.

[10]程必定,1998.区域经济空间秩序:兼对长江中下游省区的实证研究.合肥:安徽人民出版社.

[11]程和元,李国平,1999."一多二并"战略:中国区域经济协调发展战略的新构想.当代经济科学(4):30-36.

[12]范剑勇,朱国林,2002.中国地区差距演变及其结构分解.管理世界(7):37-44.

[13]方创琳,1999.经济发展战略重点区域的发展模式与基本思路.北京大学学报(哲学社科版)(3):36-42.

[14]方齐云,王皓,李卫兵,等,2002.增长经济学.武汉:湖北人民出版社.

[15]冯兴元,2002.欧盟与德国:解决区域不平衡问题的方法和思路.北京:中国劳动社会保障出版社.

[16]傅家骥,1998.技术创新学.北京:清华大学出版社.

[17]付晓东,2000.对区域经济研究中的几个重要问题的认识.经济地理(1):31-36.

[18]付晓东,2001.区域创新系统构建之研究.中共济南市委党校学报(3):57-63.

[19]傅晓霞,吴利学,2002.制度变迁对中国经济增长贡献的实证分析.南开经济研究(4):70-75.

[20]盖文启,2002.创新网络:区域经济发展的新思维.北京:北京大学出版社.

[21]高佃恭,安成谋,1998.区域经济系统初探.地域研究与开发(增刊):1-9.

[22]葛清俊,2002.经济增长的制度创新:技术创新纵向推动模式研究.生产力研究(3):95-97.

[23]顾朝林,石爱华,王思儒,2002."新经济地理学"与"地理经济学":兼论西方经济学与地理学融合的新趋向.地理科学(2):129-135.

[24]顾朝林,王思儒,石爱华,2002."新经济地理学"与经济地理学的分异与对立.地理学报(4):497-504.

[25]顾朝林,赵晓斌,1995.中国区域开发模式的选择.地理研究(4):8-22.

[26]顾新,2001.区域创新系统的运行.中国软科学(11):104-107.

[27]广东省统计局,2000.广东统计年鉴2000.北京:中国统计出版社.

[28]广东省统计局,2001.广东统计年鉴2001.北京:中国统计出版社.

[29]广东省人民政府办公厅,广东省统计局,1999.广东五十年.北京:中国统计出版社.

[30]广东省人口普查办公室,2002.广东省2000年人口普查资料.北京:中国统计出版社.

[31]郭熙保,陈澍,1998.西方发展经济学中的地区不平衡发展理论.教学与研究(5):34-40.

［32］郭熙保,2002.从发展经济学观点看待库兹涅茨假说:兼论中国收入不平等扩大的原因.管理世界(3):66-73.

［33］国家统计局科技统计司,1990.中国科学技术四十年(统计资料):1949—1989.北京:中国统计出版社.

［34］国家统计局科技统计司,1993.技术创新统计手册.北京:中国统计出版社.

［35］国家统计局,国家科学技术委员会,1997.中国科技统计年鉴1996.北京:中国统计出版社.

［36］韩晶,朱洪泉,2000.经济增长的制度因素分析.南京经济研究(4):53-58.

［37］洪银兴,2002.西部大开发和区域经济协调方式.管理世界(3):3-8.

［38］胡鞍钢,熊义志,2000.我国知识发展的地区差距分析:特点、成因及对策.管理世界(3):5-17.

［39］胡汉辉,倪卫红.集成创新的宏观意义:产业集聚层面的分析.中国软科学,2002(12):35-37.

［40］胡乃武,阎衍,1998.中国经济增长区际差异的制度解析.经济理论与经济管理(1):24-27.

［41］花俊,顾朝林,2001.我国区域发展差异的贸易经济研究.地理研究(3):322-329.

［42］华锦阳,许庆瑞,金雪军,2002.制度决定抑或技术决定.经济学家(3):101-107.

［43］黄朝永,2002.港资北移与粤港经济一体化研究.地域研究与开发(2):18-21.

［44］黄继忠,2001.区域内经济不平衡增长论.北京:经济管理出版社.

［45］黄少安,2000.关于制度变迁的三个假说及其验证.中国社会科学(4):37-49.

［46］江佐中,2000.经济发展中的制度变迁:基于顺德的理论与实证研究.北京:中共中央党校出版社.

［47］金相郁,2000.中韩区域经济不平衡增长的比较研究//李东进.中韩经济与管理比较研究.北京:经济科学出版社:247-282.

[48]金玉国,1998.中国经济增长的制度分析:1984—1995年.南京社会科学(5):12-15.

[49]金玉国,2001a.宏观制度变迁对转型时期中国经济增长的贡献.财经科学(2):24-28.

[50]金玉国,2001b.转型时期中国工业绩效变动的制度解析.上海经济研究(4):14-20.

[51]经济合作与发展组织(OECD).以知识为基础的经济.杨宏进,薛澜,译.北京:机械工业出版社.

[52]匡远配,曾福生,2001.论制度创新与技术进步.湖南农业大学学报(社会科学版)(2):10-12.

[53]赖德胜,王光斌,1998.深圳经济快速增长的人力资本成因.广东社会科学(2):30-35.

[54]李二玲,覃成林,2002.中国南北区域经济差异研究.地理学与国土研究(4):76-78.

[55]李国平,许扬,2002.梯度理论的发展及其意义.经济学家(4):69-75.

[56]李剑星,2001.探寻现代化之路:深圳推进生产力现代化进程的考察.经济学动态(2):31-37.

[57]李立勋,邱建华,许学强,1994.近十余年来广东的经济增长与结构转化.地理科学(2):118-125.

[58]李玲玲,刘启静,2002.高技术产业发展的南北差距及对策.世界地理研究(3):25-31.

[59]李仁贵,2000.西方区域经济发展的历史经验理论评介.经济学动态(3):70-74.

[60]李世华,1997.我国区域经济发展战略的反思与选择.中共中央党校学报(4):54-59.

[61]李小建,乔家君,2001.20世纪90年代中国县际经济差异的空间分析.地理学报(2):136-146.

[62]李小建,李庆春,1999.克鲁格曼的主要经济地理学观点分析.地理科学进展(2):97-102.

[63]李迅,2000.中国城市演进中的区域差异及其对策.城市规划(7):4-7.

[64]李勇坚,2002.内生增长理论的最新进展.经济学动态(10):70-80.

[65]廖良才,谭跃进,陈英武,等,2000.点轴网面区域经济发展与开发模式及其应用.中国软科学(10):80-82.

[66]林承亮,2000.三大经济发展模式的发展与比较:"长江三角洲与珠江三角洲改革与发展研讨会"述要.浙江社会科学(2):56-59.

[67]林毅夫,1992.制度、技术与中国农业发展.上海:上海三联书店.

[68]林毅夫,2000.再论制度、技术与中国农业发展.北京:北京大学出版社.

[69]刘安国,杨开忠,2001.新经济地理学理论与模型评介.经济学动态(12):67-72.

[70]刘俊杰,2002.新时期粤港澳区域整合发展的若干制约因素及调控.人文地理(4):63-66.

[71]刘乃全,2000.区域经济理论的新发展.外国经济与管理(9):17-21.

[72]刘曙光,2002.新时期我国区域经济地理学发展问题初探.地域研究与开发(2):1-4.

[73]刘曙光,田丽琴,2001.区域创新发展的模式与国际案例研究.世界地理研究(1):20-23.

[74]刘筱,阎小培,2000.九十年代广东省不同经济地域差异分析.热带地理(1):1-7.

[75]刘振天,杨雅文,2001.当代知识发展的不平衡与教育的战略选择.现代大学教育(4):12-16.

[76]柳卸林,1998.中国知识经济发展阶段的指标分析.中国软科学(12):9-20.

[77]卢艳,徐建华,2002.中国区域经济发展差异的实证研究与R/S分析.地域研究与开发(3):60-67.

[78]鲁志国,2002.制度变迁与技术变迁:谁是经济增长核心因素——兼评诺斯制度变迁经济增长理论的有效性.南方经济(2):43-44.

[79]陆大道,2002.关于"点—轴"空间结构系统的形成机理分析.地理科学(1):1-6.

[80]陆大道,2001.论区域的最佳结构与最佳发展:提出"点—轴系统"和

"T"型结构以来的回顾与再分析.地理学报(2):127-135.

[81]陆玉麒,2002.论点—轴系统理论的科学内涵.地理科学(2):136-143.

[82]罗浩,2001.地区差距变动的理论分析及中国的实证研究.地理学与国土研究(1):20-24.

[83]罗清和,温思美,1999.21世纪深圳经济发展的动力源:制度创新.经济理论与经济管理(1):6-12.

[84]罗若愚,2002.我国区域间企业集群的比较及启示.南方经济研究(6):52-55.

[85]吕拉昌,许学强,1999.中国华南地域结构的形成、演变与优化研究.地理科学(2):152-157.

[86]吕拉昌,2000.极化效应、新极化效应与珠江三角洲的经济持续发展.地理科学(4):355-361.

[87]吕拉昌,2002a.论珠江三角洲与外围地区的互补性.热带地理(2):161-165.

[88]吕拉昌,2002b.知识经济下广东区域结构发展的新趋势.经济地理(6):671-675.

[89]马海霞,2001.区域传递的两种空间模式比较分析:兼谈中国当前区域传递空间模式的选择方向.甘肃社会科学(2):30-32.

[90]马健,1994.对新制度经济学发展问题的几点评析.东南学术(4):60-64.

[91]马健,邵赟,1999.经济增长中的制度因素分析.经济科学(8):46-51.

[92]毛蕴诗,汪建成,2002.大企业集团扩展路径的实证研究:对广东40家大型重点企业的问卷调查.学术研究(8):5-8.

[93]孟晓晨,李捷萍,2002.中国区域知识创新能力与区域发展差异研究.地理学与国土研究(4):79-81.

[94]苗长虹,樊杰,张文忠,2002.西方经济地理学区域研究的新视角:论"新区域主义"的兴起.经济地理(6):644-650.

[95]苗长虹,1999.区域发展理论:回顾与展望.地理科学进展(4):296-305.

[96]诺斯,1994.制度、制度变迁与经济绩效.刘守英,译.北京:生活·读书·新知三联书店.

[97]欧阳南江,1993.改革开放以来广东省区域差异的发展变化.地理学报(3):204-216.

[98]潘士远,史晋川,2002.内生经济增长理论:一个文献综述.经济学(4):753-786.

[99]潘义勇,2001.产权制度创新与经济增长.开放时代(6):82-87.

[100]彭德琳,2002.新制度经济学.武汉:湖北人民出版社.

[101]邱成利,2001.制度创新与产业集聚的关系研究.中国软科学(9):100-103.

[102]任东明,2000.新时期中国区域发展状态的比较研究.地理科学(2):97-101.

[103]荣芳,何晋秋,2000.国际人力资本流动的可持续性探讨.中国软科学(6):82-85.

[104]申汉,1997.澳大利亚与知识经济:对科学技术促进经济增长的一种评价.柳卸林,冯瑄,等译.北京:机械工业出版社.

[105]沈坤荣,1998.中国经济增长绩效分析.经济理论与经济管理(1):28-33.

[106]沈坤荣,2002.中国制度创新的增长效应分析.生产力研究(2):6-7.

[107]史晋川,谢瑞平,2002.区域经济发展模式与经济制度变迁.学术月刊(5):49-55.

[108]舒元,1993.中国经济增长分析.上海:复旦大学出版社.

[109]舒元,王曦,2002.构造我国经济转型的量化指标体系:关于原则和方法的思考.管理世界(4):16-22.

[110]司徒尚纪,1993.广东文化地理.广州:广东人民出版社.

[111]宋栋,1999.我国区域经济转型发展的制度创新分析:以珠江三角洲为例.管理世界(3):196-201.

[112]宋栋,2000.中国区域经济转型发展的实证研究:以珠江三角洲为例.北京:经济科学出版社.

[113]苏廷鳌,付伟,1999.增长极理论与我国区域经济发展.内蒙古大学学报(哲学社会科学版)(1):87-90.

[114]孙海鸣,刘乃全,2000.区域经济理论的历史回顾及其在20世纪中叶的发展.外国经济与管理(8):2-6.

[115]孙敬水,蒋玉珉,1999.知识经济的测度方法及分析比较.统计研究(7):21-24.

[116]孙强,1999.人力资本与中国经济的持续增长.云南财贸学院学报(3):6-11.

[117]覃成林,1998.中国区域经济差异变化的空间特征及其政策含义研究.地域研究与开发(2):36-39.

[118]覃成林,2002.区域 R&D 产业发展差异分析.中国软科学(7):95-97.

[119]谭崇台,1999.发展经济学的新发展.武汉:武汉大学出版社.

[120]唐文进,田蓓,2001.珠江三角洲和长江三角洲经济转型的制度变迁模式比较:兼谈西部地区走向市场经济的对策.山西财经大学学报(6):20-23.

[121]Thierry Sanjuan,1995.从地理学角度看珠江三角洲区域建设.李永宁,译.开放时代(1):19-24.

[122]田宝琴,彭昆仁,2000.知识经济下的广东人力资本问题剖析.学术研究(11):59-61.

[123]汪小勤,1998.二元经济结构理论发展述评.经济学动态(1):73-78.

[124]王缉慈,王可,1999.区域创新环境和企业根植性:兼论我国高新技术企业开发区的发展.地理研究(4):357-363.

[125]王缉慈,等,2001.创新的空间:企业集群与区域发展.北京:北京大学出版社.

[126]王缉慈,2002.创新及其相关概念的跟踪观察:返朴归真、认识进化和前沿发现.中国软科学(12):30-37.

[127]王金营,2001.人力资本与经济增长理论与实证.北京:中国财政经济出版社.

[128]王珺,2000.政企关系演变的实证逻辑:经济转轨中的广东企业政策及其调整.广州:中山大学出版社.

[129]王珺,2002.企业簇群的创新过程研究.管理世界(10):102-110.

[130]王荣成,1997.中外经济地域类型研究的理论与实践.人文地理(2):43-47.

[131]王绍光,胡鞍钢,1999.中国:不平衡发展的政治经济学.北京:中国计划出版社.

[132]王书林,王树恩,陈士俊,1998.当代科技进步促进经济增长的内在机制与对策选择:从"知识经济"的角度谈起.自然辩证法研究(9):56-60.

[133]王文博,陈昌兵,徐海燕,2002.包含制度因素的中国经济增长模型及实证分析.当代经济科学(2):33-37.

[134]韦复生,1998.双重创新:经济地域成长的引擎.广西民族学院学报(自然科学版)(1):68-71.

[135]韦伟,1995.中国经济发展中的区域差异与区域协调.合肥:安微人民出版社.

[136]魏后凯,刘楷,周民良,等,1997.中国地区发展:经济增长、制度变迁与地区差异.北京:经济管理出版社.

[137]魏守华,2002.产业群的动态研究以及实证分析.世界地理研究(3):16-24.

[138]温思美,罗必良,尤玉平,1999.广东改革的制度经济学分析.学术研究(6):5-11.

[139]吴殿延,2001.试论中国经济增长的南北差异.地理研究(2):238-246.

[140]吴贯桐,1997.论90年代广东经济区划.热带地理(3):217-222.

[141]吴季松,1998.知识经济21世纪社会的新趋势.北京:北京科学技术出版社.

[142]吴勇华,2000.珠江三角洲高新技术产业带发展的分析与思考.中国软科学(7):97-99.

[143]夏业良,2000.论人力资本转移中的"后发利益".天津工商报,2000-01-06.

[144]谢武,陈晓剑,2002.私有化、制度环境与经济转轨的路径:转型经济中所有制改革的两种经验.生产力研究(5):82-85.

[145]徐梅,2002.当代西方区域经济理论评析.经济评论(3):74-77.

[146]徐明华,1996.经济增长中的技术进步与制度创新.社会科学(2):11-14.

[147]许学强,阎小培,徐永健,等,1999.90年代广东省区域差异分析//叶舜赞,顾朝林,牛亚菲.一国两制模式的区域一体化研究.北京:科学出版社.

[148]薛进军,1993.经济增长理论发展的新趋势.中国社会科学(3):1-11.

[149]阎小培,林锡艺,黄谦,1998.90年代广东省产业结构变动趋向时空差异分析.经济地理(3):45-50.

[150]阎衍,1999.制度转型与区际经济非均衡增长.教学与研究(8):18-24.

[151]阎志强,2001.广东经济发展与人口文化素质相互关系研究.西北人口(2):51-53.

[152]颜鹏飞,邵秋芬,2001.经济增长极理论研究.财经理论与实践(3):2-6.

[153]杨开忠,1992.二元区域结构理论的探讨.地理学报(6):499-506.

[154]杨开忠,1993.迈向空间一体化:中国市场经济与区域发展战略.成都:四川人民出版社.

[155]杨开忠,1994a.论区域发展战略.地理研究(1):9-15.

[156]杨开忠,1994b.中国区域经济差异变动研究.经济研究(12):28-33.

[157]杨友孝,1993.约韩·弗里德曼空间极化发展的一般理论评价.经济学动态(7):69-73.

[158]杨云彦,1999.劳动力流动、人力资本转移与区域政策.人口研究(5):9-15.

[159]游宪生,2000.经济增长研究.上海:立信会计出版社.

[160]余文华,1996.中国宏观经济地域的划分及其结构分析.天府新论(2):37-40.

[161]张敦富,覃成林,2001.中国区域经济差异与协调发展.北京:中国轻工业出版社.

[162]张发余,2000.新经济地理学的研究内容及其评价.经济学动态(11):72-76.

[163]张凤,何传启,1999.国家创新系统:第二次现代化的发动机.北京:高等教育出版社.

[164]张佳梅,2002.人力资本领域的理论研究.经济学动态(5):51-54.

[165]张建华,2000.创新、激励与经济发展.武汉:华中理工大学出版社.

[166]张建华,2001.发展经济学的新生与前沿问题.经济学动态(4):53-56.

[167]张落成,吴楚材,2002.沿海经济低谷地区的制约因素与发展策略.地理研究(6):791-800.

[168]张平,2002.我国地区经济发展差距扩大成因分析.当代经济研究 (12):21-23.

[169]张塞,1993.中国区域经济的战略选择.开放导报(4):1-2.

[170]张文忠,2000.经济区位论.北京:科学出版社.

[171]张欣,宋化民,2001.我国五省知识经济发展状况比较研究.科技管理 研究(1):35-39.

[172]张秀娟,1996.产权改革与制度创新:广东镇办企业改革评析.中山大 学学报(社会科学版)(4):6-10.

[173]张珍花,路正南,2001.知识对江苏省经济增长贡献率的测定.统计与 决策(3):40-42.

[174]赵国庆,杨健,1998.知识经济形态测度指标研究.教学与研究(12):28-32.

[175]赵建安,1998.中国南北区域经济发展的互补性研究.地理研究(4): 375-382.

[176]赵茂林,1995.增长极理论的发展及其借鉴意义.汉中师范学院学报 (2):31-35.

[177]赵伟,2001.区际开放:左右未来中国区域经济差距的主要因素.经济 学家(5):45-50.

[178]甄峰,顾朝林,沈建法,等,2000.改革开放以来广东省空间极化研究. 地理科学(5):403-409.

[179]甄峰,顾朝林,2000.广东省区域空间结构及其调控研究.人文地理 (4):10-15.

[180]周国富,2001.中国经济发展中的地区差距问题研究.沈阳:东北财经 大学出版社.

[181]周民良,1998.对中国区域差距与区域发展若干重大问题的讨论.开 发研究(4):3-8.

[182]周振华,1996.我国现阶段经济增长方式转变的战略定位.经济研究 (10):3-8.

[183]朱玲,2001.后发地区的发展路径和治理结构选择:云南藏区案例研 究.经济研究(10):88-94.

[184]朱卫平,1999.二十年广东公有企业制度创新回顾与评析.暨南学报(哲学社会科学版)(6):80-89.

[185]朱锡平,2000.制度创新与技术进步.深圳大学学报(人文社会科学版)(3):13-19.

[186]朱翙敏,钟庆才,2002.广东省经济增长中人力资本贡献的实证分析.中国工业经济(12):73-80.

[187]朱勇,1999.新增长理论.北京:商务印书馆.

[188]朱勇,吴易风,1999.技术进步与经济的内生增长:新增长理论发展述评.中国社会科学(1):21-39.

[189]朱玉春,杜为公,2001.波状对接模式与西部城市化战略选择.经济学家(2):26-29.

[190]庄子银,1998.新增长理论简评.经济科学(2):114-120.

英文部分:

[1]Agnew J,1999. From the political economy of regions to regional political economy. Progress in Human Geography,24(1):453-463.

[2]Agnew J,2001. Regions in revolt. Progress in Human Geography, 25(1):103-110.

[3]Alchain A, Demsetz H, 1972. Production, information costs and economics organization. American Economic Review,62(5):777-795.

[4]Anderson E S, Teubal M, 1999. The transformation of innovation systems: towards a policy perspective. Paper prepared for the DRUID Conference on National Innovation Systems, Industrial Dynamics, and Innovation Policy,Rebild,Denmark,9-12,June.

[5]Arrow K J, Ng Yew-Kwang, Yang Xiaokai 1998. Increasing Returns and Economic Analysis. London:Palgrave Macmillan.

[6]Asheim B T,Isaksen A,1997. Location,agglomeration and innovation: towards regional innovation systems in nor-way? Europe Planning Studies,5(3):299-330.

[7]Bairam E I,1996. The form of production function for the Chinese regional economy. Applied Economics Letters,3(5):58-355.

[8]Barro R J,Sala-I-Martin X,1992. Public finance in model of economic growth. Review of American Economic studies,59(4):645-661.

[9]Barro R,Sala-I-Martin X,1995. Economic Growth. New York:McGraw Hill,Inc.

[10]Baumol W,1990. Entrepreneurship:productive, unproductive, and destructive. Journal of Political Economy,98(5):893-921.

[11]Becker G,Murphy K,Tamura R,1990. Human capital,fertility,and economic growth. Journal of Political Economy,98(5):12-37.

[12]Berry B J L,1964. Approaches to regional analysis:a synthesis. Annals of the AAG,54(1):2-11.

[13]Caniels M C J,1996. Knowledge Spillovers and Economic Growth. Cheltenham and Northampton:Edward Elgar Publishing.

[14]Cassiolato J E,Lastres H M,1999. Local,national and regional systems of innovation in the Mercosur. Prepared for the DRUID's Summer Conferences on National Innovation.

[15]Chen Jian,Fleisher B M,1996. Regional income inequality and economic growth in China. Journal of Comparative Economics,22(2):64-141.

[16]Chenery H B,Srinivasan T N,1988. Handbook of Development Economics,Vol. 1. Holland:North Holland.

[17]Coase R H,1988. The Firm,the Market and Law. Chicago:University of Chicago Press.

[18]Cooke P,Uranga M G,Etxebarria G,1998. Regional systems of innovation:an evolutionary perspective. Environment and Planning A,30(9):1563-1584.

[19]Crafts N,1995. Exogenous or endogenous growth? The industrial revolution reconsidered. Journal of Economic History,55(4):745-772.

［20］Crafts N，1996. Post‐neoclassical endogenous growth theory： what are its policy implications? Oxford Review of Economic Policy，12(2)：30-47.

［21］Davis M，1973. Game Theory：A Non technological Introduction. New York：Basic Books，Inc.

［22］Freeman C，1987. Technology Policy and Economic Performance： Lessons from Japan. London：UCL Press.

［23］Friedmann J，1966. Regional Development Policy：A Case Study of Venezuela. Cambridge：MIT Press.

［24］Glassman J，Samatar A I，1997. Development geography and the Third-World state. Progress in Human Geography，21(2)：164-198.

［25］Goodman E，Bamford J，1989. Small Firms and Industrial Districts in Italy. London：Routledge.

［26］Grossman G，Helpman E，1991. Quality ladders in the theory of growth. Review of Economic Studies，58(1)：43-61.

［27］Hayami Y，1997. Development Economics：From the Poverty to the Wealthy of Nations. Oxford：Oxford University Press.

［28］Hirschman A O，1958. The Strategy of Economic Development. New Haven：Yale University Press.

［29］Jian T，Sachs J D，Warner A M，1996. Trends in regional inequality in China. China Economic Review，7(1)：1-21.

［30］Jin D J，Stough R R，1998. Learning and learning capability in the Fordist and post-Fordist age：an integrative frame‐work. Environment and Planning A，30(7)：1255-1278.

［31］Justman M，Teubal M，1991. A structural perspective on the role of technology in economic growth and development. World Development，19(9)：1167-1183.

［32］Krugman P，1991. Geography and Trade. Leuven：Leuven University Press.

[33]Krugman P, 1995. Development, Geography and Economic Theory. Cambridge: MIT Press.

[34]Krugman P, 1999. Increasing returns and economic geography. Journal of Political Economy, 99(3):484-499.

[35]Kubo Yuji, 1995. Scale economies, regional externalities and the possibility of uneven regional development. Journal of Regional Science, 35(1):29-42.

[36]Kuhn T S, 1962. The Structure of Scientific Revolutions. Chicago: The University of Chicago Press.

[37]Lawson C, Lorenz E, 1999. Collective learning, tacit knowledge and regional innovative capacity. Regional Studise, 33(4):305-317.

[38]Leven C L, 1985. Regional development analysis and policy. Journal of Regional Science, 25(4):569-592.

[39]Lucas R, 1988. On the mechanics of economic development. Journal of Monetary Economics, 22(1):3-42.

[40]Lundvall B A, 1994. The learning economy: challenges to economic theory and policy. Paper at the EAEPE Conference, October, Copenhagen.

[41]MacKellar F L, Daniel R V Jr., 1995. Population concentration in less developed countries: new evidence. Regional Science, 74(3): 259-293.

[42]Macleod G, Goodwin M, 1999. Space, scale and state strategy: rethinking urban and regional governance. Progress in Human Geography, 23(4):503-527.

[43]Malmberg A, 1996. Industrial geography: agglomeration and local milieu. Progress in Human Geography, 20(3):392-403.

[44]Mansell R, Wehn V, 1998. Knowledge Societies Information Technology for Sustainable Development. Oxford: Oxford University Press.

[45]Mansfield E, 1968. Industrial Research and Technological Innovation: An Econometric Analysis. New York: Norton.

[46]Martin R, Sunley P, 1998. Slow convergence? The new endogenous growth theory and regional development. Economic Geography,74(3):201-227.

[47]Miernyk W H,1979. A note on recent regional growth theories. Journal of Regional Science,19(3):303-307.

[48]Morgan K,1997. The learning region: institutions, innovation and regional renewal. Regional Studies,31(5):491-503.

[49]Myrdal G,1957. Economic Theory and Underdeveloped Regions. London: Gerald Duckworth and Co. Ltd.

[50]Ng M K,Tang W S,1999. Urban system planning China: a case study of the Pearl River Delta. Urban Geography,20(7):591-616.

[51]North D,1983. Structure and Change in Economic History. New Haven: Yale University Press.

[52]Park S O, Markusen A, 1994. Generalizing new industrial districts: a theoretical agenda and an application from a non-western economy. Environment and Planning A,27(1):81-104.

[53]Perloff H S,Wingo L,eds. ,1968. Issues in Urban Economics. Baltimore: The Johns Hopkins Press.

[54]Perroux F, 1981. Note on the concept of growth poles. In Livingstone I. Development Economics and Policy Readings. London: George Allen & Unwin.

[55]Porter M, 1990. The Competitive Advantage of Nations. New York: The Free Press.

[56]Pred A,1967. Behaviour and Location: Foundations for A Geographic and Dynamic Location Theory(I). Lund: C. W. K. Gleerup.

[57]Romer P,1986. Increasing returns and long-run growth. Journal of Political Economy,94(5):1002-1037.

[58] Romer P, 1990. Endogenous technological change. Journal of Political Economy, 98(5):71-102.

[59] Ruttan V, 1978. Induced Innovation: Technology, Institutions, and Development. Baltimore: Johns Hopkins University Press.

[60] Sachs W, 1992. The Development Dictionary. London: Zed Book.

[61] Saxenian A, 1994. Regional Advantage: Culture and Competition in Silicon Valley and Route 128. Cambridge: Harvard University Press.

[62] Schultz T W, 1986. Institutions and the rising economic value of man. American Journal of Agriculture Economics, 50(5):1113-1122.

[63] Scott A, 1988. New Industrial Spaces: Flexible Production Organization and Regional Development in North America and Western Europe. London: Pion.

[64] Scott A, Storper M, 1992. Industrialization and regional development. In Storper M, Scott A, eds., Pathways to Industrialization and Regional Development. London: Routledge.

[65] Solow R, 1969. Invest and technical progress. In Stigilitz J, Uzawa H, eds. Readings in Modern Theory of Economic Growth. Cambridge: MIT Press.

[66] Storper M, 1992. The limits to globalization: technology districts and international trade. Economic Geogrraphy, 68(1):60-93.

[67] Storper M, Scott A J, eds., 1992. Pathways to Industrialization and Regional Development. London: Routledge.

[68] Thanawala K, 1994. Schumpeter's theory of economic development and development economics. Review of Social Economy, 52(4):343-363.

[69] Tsui Kai-Yuen, 1993. China's regional inequality, 1952-1985. Journal of Comparative Economics, 15(1):600-627.

[70] Venables A J, 1996. Equilibrium locations of vertically linked industries. International Economic Review, 37(2):341-359.

［71］Weiss A R,Birnbaum P H,1989. Technological infrastructure and the implementation of technological strategies. Management Science,35(8):1014-1027.

［72］Williamson J G,1965. Regional inequalities and the process of national development: A description of the patterns. Economic Development and Cultural Change,13(2):1-84.

［73］Williamson O,1994. The institutions and governance of economic development and reform. Preceeding of the World Bank Annual Conference on Development Economic.

［74］Yeung H,Wai-Chung,2000. Ogranizing"the firm"in industrial geography 1: networks, institutions and regional development. Progress in Human Geograph,24(2):301-315.